LISA SCHÜRGER

FASZINATION — ISLAND PFERD

Was Islandpferde so besonders macht und wie wir sie besser verstehen, reiten und ausbilden

KOSMOS

INHALT

WIDMUNG

Dieses Buch ist für meine Eltern, zwei Nicht-Pferdemenschen, die mich - ohne meine Faszination für dieses besondere Tier verstehen zu können - immer unendlich unterstützt haben, sodass ich heute das tun darf, was ich liebe und wofür ich jeden Tag dankbar bin.

Die Pferde meines Lebens

Herzlich willkommen – schön, dass ihr das Islandpferd kennenlernen und einen Eindruck davon bekommen wollt, was das Besondere an dieser Rasse ist, die mein Leben tagtäglich begleitet und es seit vielen Jahren so bereichert. In diesem Buch nehme ich euch mit auf eine Reise zu ganz unterschiedlichen Facetten der großen Faszination Islandpferd.

Die Pferde aus dem „Land von Feuer und Eis“ sind durch die von den natürlichen Gegebenheiten ihrer Heimat geprägte Gangverteilung und auch durch ihren beeindruckend mutigen, positiven und von hoher Leistungsbereitschaft gekennzeichneten Charakter etwas Besonderes. Zugleich sind sie im allerbesten Sinn ganz normale Pferde, die auch als solche ausgebildet und eingesetzt werden. Um sie möglichst umfassend bis ins hohe Alter gesund zu erhalten, gelten in ihrer Ausbildung und Haltung daher auch dieselben Grundlagen und Richtlinien wie für Nicht-Gangpferde. Mir persönlich liegt eine gute Ausbildung der Pferde sehr am Herzen. Das gilt aber auch für die Reiter,

die sich mir als Trainerin anvertrauen, denn nur gemeinsam können wir diesen so besonderen Lebewesen mit ihrem einmaligen Spirit gerecht werden.
So viel schon vorweg: Islandpferde sind sehr intelligente Pferde, und es ist unsere Aufgabe, ihnen möglichst schlüssig zu erklären, was wir uns von ihnen wünschen. Dann sind sie bereit, uns ganz von selbst so viel zu geben. Um diese Bereitschaft nicht nur zu wecken, sondern auch zu erhalten, müssen wir die Pferde verstehen. Wir sollten wissen, wie man sie artgerecht hält und behandelt und was die Grundlagen des Reitens sind – die, die sie mit anderen Rassen gemeinsam haben, aber auch die speziellen Anforderungen ihrer Gangarten. Dieses Buch möchte euch all das näherbringen, denn wenn wir um die Besonderheiten der Islandpferde wissen, geben sie uns so unvergleichlich viel zurück.
Gern möchte ich euch zeigen, wie das Islandpferd DAS Pferd für jeden Reiter sein kann – der ideale Begleiter für Pferdefreunde aller Altersklassen und Einsatzbereiche. Egal ob in der Freizeit oder im Leistungssport, vom Therapiepferd bis zum Hochgeschwindigkeitssprinter, im Kinder- und Jugendbereich, für ältere Umsteiger und Neueinsteiger oder in der Zucht – diese Pferderasse ist enorm vielseitig aufgestellt. Ich bin mir sicher: Am Ende des Buches hat sich jeder Einzelne von euch ein bisschen in diese so einzigartigen Tölter, Vier- und Fünfgänger verliebt.

Und jetzt viel Freude beim Lesen!
Eure Lisa

WAS MACHT DAS ISLANDPFERD SO BESONDERS?

NATURVERBUNDEN
Islandpferde sind einzigartige Partner, vom Freizeit- bis zum Sporteinsatz.

Island und seine Pferde

Wie es der Name schon sagt – das Islandpferd kommt aus Island. Es ist eine der reinsten Pferderassen der Welt. Seit der Ankunft der Menschen auf der Insel vor mehr als tausend Jahren wird es ohne genetische Einwirkung anderer Rassen gezüchtet.

Temperament

Das Temperament der Islandpferde ist individuell unterschiedlich. Es gibt von sehr ruhigen Pferden bis zu feurigen, temperamentvollen Isländern alle Ausprägungen. Das macht die Rasse unglaublich vielseitig.

Die Vorfahren der heutigen Islandpferde sind die Pferde, die mit den Wikingern über das Meer kamen. Sie wurden für diese schwierige Expedition ausgewählt und trugen einen wertvollen Teil dazu bei, die bisher unbesiedelte Insel zu erschließen. Die Pferde passten sich über die Jahrhunderte an das raue, harte Klima und das gerade im Winter oft sehr eingeschränkte Futterangebot an und hielten dem nicht selten extremen Wetter stand. Um unter diesen Umständen zu überleben, mussten sie mutig und willensstark, verlässlich, unerschrocken, kooperativ, intelligent und trittsicher sein. Diese Eigenschaften sind bis heute typisch für die charakterstarken Islandpferde und machen die Rasse zu einzigartigen Partnern mit vielfältigen Einsatzgebieten, vom Kinder- bis zum Sportpferd. Pferde mit einem ruhigeren Temperament sind auch bei Wiedereinsteigern sehr beliebt. Es gibt für fast jeden reiterlichen Ausbildungsstand und für jede Ambition das passende Pferd.

IMPORTVERBOT

Auch heute noch lässt sich jedes Islandpferd lückenlos über mehrere Generationen bis auf seine Vorfahren nach Island zurückverfolgen. Nach Island selbst dürfen keine Pferde importiert werden. Das heißt auch, dass jedes Pferd, das die Insel einmal verlassen hat, nie mehr zurückkehren darf. Das Islandpferd kann mit einem recht beeindruckenden Online-Stammbuch aufwarten: WorldFengur (www.worldfengur.com) ist eine Datenbank mit insgesamt weit mehr als 400.000 Pferden, die in den vergangenen hundert Jahren gelebt haben und

Die Anzahl der Islandpferde in Deutschland steigt immer weiter.

hier katalogisiert worden sind. Jedes neugeborene Fohlen wird noch im Geburtsjahr aufgenommen. Alle Stammbäume (sämtlicher weltweit geborenen und über ihre regionalen oder nationalen Zuchtverbände eingetragenen Islandpferde) sind in WorldFengur lückenlos bis in das Ursprungsland zurückzuverfolgen, ebenso finden sich hier alle gerittenen Materialprüfungen und viele weitere Informationen.

Statistisch gesehen steht das Islandpferd gut da. Der beste Beleg im Vergleich der Pferderassen ist die Geburtenrate, die von den Stammbüchern in Deutschland und anderen Ländern alljährlich veröffentlicht wird. Sie ist bei nicht wenigen Rassen rückläufig. Die Islandpferde dagegen weisen jedes Jahr ein ordentliches Wachstum auf. Es tut sich also etwas.

Ich hoffe tatsächlich, dass wir in Zukunft noch mehr Menschen mit diesen wunderschönen Pferden und all ihren Vorzügen (wie dem bequemen Tölt, der Leichtrittigkeit, Unerschrockenheit und der angenehmen Körpergröße) begeistern können – neue Islandpferdefreunde und auch Wiedereinsteiger, die vielleicht früher andere Reitweisen verfolgt und jetzt wieder Lust auf das Reiten bekommen haben.

BELIEBT UND VIELSEITIG

Es kommt nicht von ungefähr, dass man mittlerweile sehr viele Islandpferde im therapeutischen Reiten oder in der Kinder- und Jugendförderung findet.

Gerade jungen Reitern bietet die Beschäftigung mit dem Pferd ein hohes Maß an Bindung und Stabilität. Das naturverbundene Leben und Erleben erdet, das Pferd ist ein ehrlicher Freudenspender und Seelentröster an ihrer Seite, beschert viele wertvolle (und vor allem echte und nicht nur virtuelle) Erfolgserlebnisse und vermittelt zugleich Verantwortungsgefühl für ein Lebewesen.

Islandpferde sind tolle Partner für Freizeit und Sport.

Eine Reise wert

Sehnsuchtsziel Island

Meine allererste Islandreise entstand nicht aus einer touristischen Idee, sondern ich habe sie vor etlichen Jahren gewonnen – als Preis der Günther-Weber-Stiftung, weil meine Stute Tign und ich Deutsche Meister in der Fünfgang-Kombination geworden waren. Ehrlicherweise muss ich zugeben, dass ich sonst wahrscheinlich – zumindest in jener Zeit – nicht selbst hingefahren wäre. Ich mag es lieber warm … daher fand ich das Land nicht sehr verlockend. Ich konnte damals diese Begeisterung, diese Faszination nicht verstehen, wenn andere von ihren Islandreisen erzählten. Das ging mir aus der Ferne betrachtet gar nicht so, bis ich zum ersten Mal in Keflavík aus dem Flieger gestiegen bin. Da habe ich dann tatsächlich sofort verstanden und schon bald selbst gespürt: „DAS ist es also, wovon reden!"

Island hat eine ganz besondere Atmosphäre, die Menschen haben einen eigenen Rhythmus in den Dingen, die sie tun, ein Rhythmus, der mit unserem Alltag hierzulande nicht zu vergleichen ist. Dazu die atemberaubend schöne Natur. Wer einmal die berühmten Nordlichter gesehen hat – am besten, während man gemütlich unter sternenklarem Himmel in einem Hot Pot sitzt, den fängt die Faszination Island sofort ein.

Ich habe mich von Anfang an mit der besonderen isländischen Lebensweise sehr wohlgefühlt und tue es immer noch, jedes Mal, wenn ich dort bin. Vieles muss man als Nicht-Isländer erst einmal lernen – z. B., dass man gewisse Dinge nicht ändern kann. Wenn das Wetter zu schlecht ist, dann bleibt man einfach zu Hause. Niemand regt sich darüber auf. Man wartet schlichtweg, bis es wieder besser ist.

In Island herrscht ein Grundvertrauen, dass „am Ende schon alles gut wird". Der zugehörige Wahlspruch lautet: „Þetta reddast!" Das ist eine so wohltuende Denkweise, die uns nicht selten in unserem hektischen Alltag abhandenkommt. Die Menschen auf der Insel sind auch sehr familienfreundlich. Ich kann einen Besuch auf Island zu jeder Jahreszeit aus vollem Herzen empfehlen.

Þarfasti Þjóninn

Auf Island genießen die Pferde einen hohen Stellenwert in der Gesellschaft. Man weiß wertzuschätzen, dass die Vorfahren der heutigen Isländer diese Insel erst gar nicht hätten erschließen können, wenn sie nicht ihre Pferde gehabt hätten. Und genau das hat mich in den vielen Gesprächen mit den Menschen dort fasziniert: Wie sehr man sich auf Island eben nicht nur über Sportpunkte und Zuchtnoten freut, sondern vor allem, wie dankbar man den Pferden dafür ist, dass sie ihren Menschen als „Þarfasti Þjóninn" (wertvollster Diener) so viel ermöglicht haben. Dieses Gefühl auch mit nach Hause zu nehmen, finde ich für uns Pferdemenschen einfach sehr schön. Zu unserer Islandpferdeszene hierzulande gehört es natürlich auch, dass wir die eine oder andere Tradition gern übernehmen, dass wir z. B. die wunderschöne isländische Musik hören, mit isländischer Schafwolle stricken, die dort hergestellten Süßigkeiten mit Schokolade und Lakritz genießen und ein wenig von diesem Flair in unseren eigenen Alltag tragen.

»Þetta reddast – Das wird schon!«

So lautet eine isländische Lebenseinstellung, die die Atmosphäre auf Island oft entspannter macht.

Typisch Islandpferd

Islandpferde gibt es in vielen Farben, ihr Aussehen ist aber trotzdem so typisch, dass sie leicht zu erkennen sind. Besonders auffallend ist das üppige Langhaar.

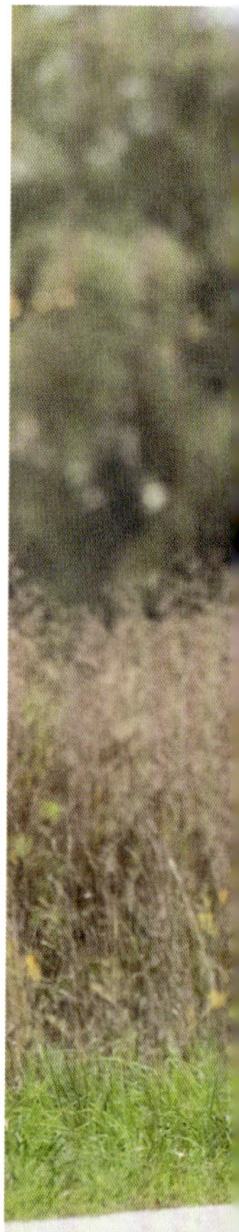

1

Das Zuchtziel des Islandpferdes ist ein gesundes und stabiles, aber doch elegantes und vielseitiges Pferd. Es soll über vier (Tölt, Trab, Schritt und Galopp) oder fünf (zzgl. Rennpass) ausgezeichnete Gangarten mit guter Oberlinie und geschmeidigen hochweiten Bewegungen verfügen.

DAS EXTERIEUR

Das Islandpferd wird grundsätzlich zwischen 130 cm und 156 cm groß (gemessen bei einer Zuchtbeurteilung im Jahr 2022). In den meisten Fällen liegt die Widerristhöhe zwischen 135 cm und 150 cm. Dabei kommen fast sämtliche vorstellbaren Farben vor: Es gibt alle Grundfarben und unterschiedliche Abstufungen davon sowie Abzeichen unterschiedlicher Art. Diese machen das Islandpferd zu einer der farbigsten Rassen weltweit. Beim Exterieur eines Islandpferdes sind viele Dinge wichtig. Insgesamt ist es wünschenswert, dass die Pferde von Natur aus über eine starke Oberlinie verfügen und über die Fähigkeiten, sich selbst zu tragen und bergauf zu gehen, damit sie unter dem Reiter auch langfristig gesund bleiben. Hierfür sollen Kruppe, Rücken und Hals gut bemuskelt sein, der Hals gut aufgerichtet und sich ausreichend verjüngen, damit die Pferde leicht im Genick nachgeben und beweglich sein können. Beim Rücken ist es wichtig, dass er sich aufwölben kann und stabil ist. Die Kruppe soll dem Pferd die Möglichkeit geben, leicht unter den Körperschwerpunkt zu treten und sowohl ausreichend Trag- als auch Schubkraft zu entwickeln. Außerdem sind gute Hufe, starke Gelenke und Sehnen sowie ein ausdrucksvoller Kopf mit großen, offenen Augen und schön geformten Ohren gewünscht. Dazu gibt es noch ein weiteres typisches Merkmal: Viel Mähne und Schweif entsprechen seit jeher dem Rassetyp.
Je nach Einsatzgebiet des Pferdes wirken sich Variationen in seinem

1 Mit Islandpferden kann man die Zeit auf vielfältige Art und Weise verbringen.

2 Die Farbvielfalt ist bei Islandpferden sehr ausgeprägt.

2

Gebäude aus. Rennpasser tun sich in ihrer Spezialgangart zum Beispiel besonders leicht mit einem auf Schubkraft ausgelegten Gebäude. Nicht wenige Pferde weichen in manchen ihrer Merkmale vom Zuchtziel ab. Bei einem entsprechenden Charakter und sinnvollen Training kann man mit ihnen dennoch sehr weit kommen.

1

MEINE ZUCHT

Meine eigene Zucht ist zahlenmäßig klein, aber ich freue mich, dass von Beginn an sehr schöne Pferde dabei sind, deren Eltern ich schon kannte und die ich geritten bin. Das spielte bei den Anpaarungsentscheidungen eine wichtige Rolle. Ich hatte das große Glück, zu Beginn dieser Zucht tolle Hengste und Stuten einsetzen zu können. Einige der daraus entstandenen Fohlen habe ich selbst ausgebildet und vorgestellt, einige von ihnen sind sogar schon in jungen Jahren Siegerpferde auf Deutschen Meisterschaften geworden und haben nun ihrerseits eigene Nachzucht bekommen. So bleibt alles dynamisch, und ich versuche und hoffe (Garantien gibt's schließlich nie) bei dieser Arbeit, dass die nächste Generation mindestens genauso viel Freude bereitet und Talent mitbringt.
Ehe das aber so ist, muss man viel nachdenken und dann geduldig sein. Schon die Entscheidung zur Anpaarung will sehr gut überlegt sein. Bereits hier übernehme ich Verantwortung für ein entstehendes Leben. Es ist auch aufregend: Wird die Stute tragend? Bleibt sie hoffentlich gesund während der Trächtigkeit?
Irgendwann im Laufe der folgenden elf Monate kann man es dann kaum mehr erwarten, bis es endlich so weit ist. Ich bin voller Ehrfurcht vor diesem großen Wunder, wenn tatsächlich vom einen auf den anderen Moment ein zum Glück in den allermeisten Fällen gesundes Fohlen auf die Welt kommt, das wenige Augenblicke nach der Geburt bereits steht, trinkt, herumläuft und die Welt entdeckt. Es begeistert mich jedes Jahr aufs Neue und wird niemals zur Routine. So etwas miterleben zu dürfen, das neugeborene Fohlen und seine nach selbstständigem Abfohlen verdientermaßen stolze Mutter inmitten ihrer spürbar achtsamen Herde zu sehen – das ist ein wahres Glück, das uns die Natur schenkt.
Wenn ich dieses junge Leben heranwachsen sehe, das ich von der Anpaarung bis jetzt und weiter auf seinem Weg begleiten darf, finde ich das extrem spannend. Ich kann zusehen, wie das Fohlen mit seiner Mutter zusammen ist, dann mit seinen Altersgenossen zu spielen beginnt, immer selbstständiger wird und schließlich in das Alter kommt, in dem es eingeritten wird. Ich freue mich jedes Mal wieder auf und über diese Aufgaben, die für mich eine große Bereicherung sind. Man könnte sicherlich mit deutlich weniger Aufwand deutlich mehr Geld verdienen als mit dieser Zucht, aber für mich gehören gewisse Ideale und viel Emotion dazu. Beides leitet mich grundsätzlich immer, diesen Beruf auszuüben und mein Leben diesen Pferden zu widmen.

3

2

1 Auf meine kleine Jung- und Zuchtstutenherde bin ich sehr stolz.

2 Meine Stute Otrađis und ihre Tochter Óskasól

3 Meine Sute Salvör und ihre hier vier Monate alte Tochter Gerđa

»In dem Moment, als ich mein Hobby zum Beruf machte, habe ich nicht nur einen Beruf, sondern auch eine Lebensweise und -einstellung gewählt.«

Trächtigkeit und Geburt

Ich mische mich sowohl in der Trächtigkeit als auch ab der Geburt so wenig wie nötig ein. Trotzdem sind gewisse Dinge wichtig: Man muss sich um die richtige Fütterung der Mutterstute kümmern, die Impfungen müssen korrekt sein (gesamter Bestand der Zuchtpferde: Herpesimpfung), die Stute sollte circa zehn Tage vor der Geburt noch einmal zusätzlich entwurmt werden, und rund um die Geburt kontrolliere ich engmaschig, falls Komplikationen auftreten.

Das Fohlen ist da

Am Anfang sollte das Fohlen keinen Zugang zu einem Salzleckstein haben, und es ist sehr wichtig, stabile Zäune zu bauen, damit die Kleinen von Anfang an lernen, innerhalb ihrer Weide zu bleiben. Es empfiehlt sich, die Fohlen von einem Schmied auf Stellungsfehler überprüfen zu lassen und anfangs häufiger zu entwurmen (alle sechs bis acht Wochen). Geimpft werden die Kleinen erst nach dem Absetzen von der Mutter, frühestens nach einem halben Jahr oder auch etwas später, da sie die nötigen Antikörper am Anfang über die Muttermilch bekommen.

NACH DER GEBURT

Ist das Fohlen zur Welt gekommen, gibt es ein paar wichtige Punkte, die unbedingt erfüllt sein müssen, ansonsten braucht man schnellstmöglich einen Tierarzt.

Die Nachgeburt bei der Mutter ist abgegangen und vollständig.

Die Mutter kümmert sich um das Fohlen und wirkt gesund, ohne Verletzungen.

Das Fohlen steht und kann laufen (manchmal sind die Beine kurz nach der Geburt noch nicht richtig „entfaltet" und die Fohlen brauchen Hilfe).

Das Fohlen trinkt bei der Mutter (das Allerwichtigste).

Das Fohlen setzt Darmpech ab (erster Kot des Fohlens, Zeichen, dass die Verdauung funktioniert).

Ist dies alles erfüllt, empfiehlt es sich noch, den Nabel des Fohlens zu desinfizieren.

Fohlen sollten zwar möglichst in Ruhe gelassen werden, aber trotzdem von Anfang an lernen, dem Menschen zu vertrauen.

Die ersten Schritte

Kurz vor dem Absetzen bringe ich den Fohlen bei, sich aufhalftern und führen zu lassen sowie die Hufe zu geben – ganz einfach zu dem Zweck, dass in Situationen, in denen das erforderlich ist (Tierarztbesuch oder Schmied), kein Stress entsteht und sie es bereits vorher zwar sanft, aber doch mit großer Klarheit gelernt und verstanden haben. Es muss so sein, dass ich im Ernstfall mein Fohlen verladen und in eine Klinik fahren kann. Das sind die Basics, die ich für jedes meiner Pferde, inklusive der Fohlen und Jungpferde, wichtig finde. Mehr aber auch nicht. Ich finde nicht, dass die Kleinen jeden Tag gestreichelt werden und allerlei Dinge lernen müssen. Es sind einfach Babys, die in Ruhe in ihrer Gruppe im Herdenverband aufwachsen sollen. Je mehr wertvolles Sozialverhalten sie dort lernen, desto mehr Strukturen habe ich, auf die ich beim Ausbilden und Reiten zurückgreifen kann. Je natürlicher das Ganze

1

Fohlen sollen in Ruhe in der Herde aufwachsen. Einige Basics müssen sie aber lernen – zu ihrer eigenen Sicherheit. Dazu gehören Aufhalftern, Sich-führen-Lassen und Hufe geben.

2

abläuft und je mehr die Pferde von ihren Artgenossen mitbekommen haben, desto leichter ist es später auch für mich als Reiterin. Unsere jeweilige Rolle in dieser Partnerschaft ist dann ganz klar.

Die Ausbildung beginnt

Wenn ich zu gegebener Zeit mit dem Reiten anfange und meine Pferde sowohl gemäß ihrer Veranlagung als auch altersgerecht und ohne sie zu überfordern – das heißt auch mit den nötigen Pausen für Seele und Körper – möglichst individuell ausbilden möchte, ist es mir sehr wichtig, dass ich das selbst mache.
Ich bin der Meinung, dass hier der Grundstein dafür gelegt wird, was uns später das ganze Reiterleben über begleiten wird. Zu einem Pferd, das man von Beginn an ausgebildet hat, wird man immer eine andere, besondere Beziehung und Verbindung haben. Deswegen und gerade auch, weil man bei der jeweils nächsten Einheit sehr genau sehen kann, was man dem Jungpferd am Tag vorher beigebracht hat, mache ich das gern. Es bereitet mir viel Freude, diese Entwicklung aktiv gestalten und mitverfolgen zu können. Und ich gebe gern zu: Als Trainerin der Pferde macht es mich auch ziemlich stolz.

DIE HALTUNG

Mit der Domestikation des Pferdes übernahm der Mensch auch gleichzeitig die Verantwortung dafür, das Pferd artgerecht zu halten. Für mich persönlich ist es nur dann eine Option, Pferde zu halten, wenn ich stets dafür sorge, dass sie möglichst nahe an ihren natürlichen Bedürfnissen leben dürfen.
Islandpferde sind eine sehr naturverbundene, soziale Pferderasse. Daraus ergibt sich für die Haltung, dass sie in Gesellschaft, mit Sozialkontakten, leben sollten und viel Bewegung und frische Luft bekommen, um körperlich und seelisch gesund zu bleiben.

1 In den ersten sechs Monaten ist die Mutter extrem wichtig für das Fohlen.

2 Im Herdenverband lernen die Fohlen ausgeprägtes Sozialverhalten …

3 … worauf wir Menschen später aufbauen können.

3

Eine leistungsgerechte Fütterung berücksichtigt den tatsächlichen Bedarf des Pferdes.

Fütterung

Ich mache mir viele Gedanken darüber, wie ich mein Training gestalte und wie ich meine Pferde möglichst gut und gesund auf Sportturniere und Zuchtprüfungen vorbereite. Diesen Zielen liegt allerdings eine weitere, elementare Überlegung zugrunde, und zwar eine, die mir am Herzen liegt: wie ich für meine eigenen und für die mir anvertrauten Pferde ganzjährig eine möglichst gute Fütterung und allgemeine Versorgung gewährleisten kann.

Die Nummer eins bei der Fütterung ist sehr gutes Raufutter, das in ausreichender Menge vorhanden sein muss, um die Fresspausen nicht zu lang werden zu lassen. Pferde sind als ehemalige Steppentiere darauf ausgelegt, immer wieder kleine Mengen Futter aufzunehmen und dabei ständig in Bewegung zu sein. Die Art des Raufutters passe ich den Bedürfnissen und Vorlieben meiner Pferde an, Futterumstellungen werden langsam und behutsam vorgenommen.

Das Islandpferd ist eine Rasse, die angesichts der ausgedehnten kalten Jahreszeit und der Launen der Natur in ihrer Heimat mitten im Nordatlantik über lange Zeit mit wenig Futter auskommen musste. Daher sind auch viele der heutigen Islandpferde immer

Tipp

Das Wichtigste bei der Fütterung ist sehr gutes Raufutter.

noch so geprägt, dass sie hervorragende Futterverwerter sind. Man muss auf jeden Fall aufpassen, dass man sie zwar gut versorgt, aber nicht mit Kraftfutter oder dergleichen überfüttert. Natürlich müssen die Futtermengen immer individuell zum jeweiligen Pferd passen. Allgemeingültige Gewichtsangaben sind deswegen nicht sinnvoll.

Ich selbst verwende in meinem Stall im Winter Heu und trockene Heulage, im Sommer Heu und Gras. Ich achte darauf, dass jedes Pferd täglich auf die Weide kommt, denn in stetiger Bewegung kontinuierlich zu grasen ist die artgerechteste Fütterung, die ich den Pferden zukommen lassen kann. Das ist sowohl körperlich als auch seelisch wichtig für sie. Außerdem muss das Futter von sehr guter Qualität sein; falls Heu gefüttert wird, darf dieses nicht zu staubig sein. Islandpferde sind zwar in vielerlei Hinsicht robust, können aber anfällig für Atemwegserkrankungen und Allergien sein. Alle Pferde haben außerdem immer einen Salzleckstein zur Verfügung und natürlich sauberes Wasser.

Im nächsten Schritt ist es wichtig, den tatsächlichen Bedarf meines Pferdes einschätzen zu können, der sich von Einsatzbereich zu Einsatzbereich unterscheidet.

1

2

1 Kraft- und Zusatzfutter müssen individuell an die Bedürfnisse des jeweiligen Pferdes angepasst werden.

2 Pferde sind darauf ausgelegt, immer wieder kleine Futtermengen aufzunehmen.

MASH

Bei besonderen Gegebenheiten, wie längeren Fahrten oder auch zu Hause bei einem starken Wetterumschwung, Entwurmung oder Ähnlichem, ergänze ich die Fütterung gern um Mash. Das unterstützt schonend die Verdauung.

Habe ich ein gesundes, leicht freizeitmäßig gerittenes Pferd, braucht dieses im Normalfall, wenn es ein guter Futterverwerter ist, neben seinem Heu nur zusätzliches Mineralfutter. Für leichtfuttrige Pferde ist es sehr wichtig, nicht zu nährstoffreiches Raufutter mit viel Rohfasergehalt zu geben, da sie sonst entweder zu dick werden oder die Fresspausen zu lang – beides ist ungünstig für ihre Gesundheit.
Je nach Gräserarten und Schnittzeitpunkt des Heus oder der Heulage kann man hier Einfluss auf die Zusammensetzung des Futters nehmen.
Heutzutage gibt es bekanntlich ein riesengroßes Angebot an Ergänzungsmitteln, Elixieren, Pulvern und mehr. Diese Produktpalette ist umfangreich und weit gefächert, da findet man alles, was das Herz (zumindest das des wohlmeinenden Pferdebesitzers) begehrt. Auch hier sollte man genau studieren, was wie wirkt und dem Pferd wobei

Weiden ist die artgerechteste Form der Pferdefütterung.

FUTTERCHECK

Ich schaue mein Pferd regelmäßig aufmerksam und mit gesundem Menschenverstand an und überlege mir:
1. was es benötigt,
2. ob es davon auch alles hat und
3. ob es gesund aussieht.

Manche Isländer leiden unter Sommerekzem. Dann sollten entsprechende Pflegemittel eingesetzt werden.

hilft, denn nicht jeder Tiegel hält, was das Label verspricht. Natürlich ist es wichtig, sein Pferd bei Problemen oder speziellen Anforderungen zu unterstützen. So haben auch meine Jungpferde in der Aufzucht beim Wachstum spezielle Bedürfnisse, wie zum Beispiel ausreichend Eiweiß zum Aufbau von Körper- und Muskelmasse und eine besonders gute Mineralstoff- und Vitaminversorgung für eine gute Entwicklung. Und die Pferde, die viel leisten oder rasseuntypisch schlechtere Futterverwerter sind, werden selbstverständlich ebenfalls mit hochwertigem Kraft- und Zusatzfutter unterstützt. Man sollte sich aber trotzdem bewusst bleiben, dass unsere Pferde ursprünglich genügsame Robustpferde waren und zu viel des Guten auch schädlich für sie sein kann. Überfütterung ist genauso schlecht wie nicht ausreichende Fütterung!

GANGPFERD MIT TÖLT UND RENNPASS

VIER GÄNGE ODER MEHR

Ziel dieses Kapitels ist es, die Gänge zu verstehen.
Dann kann man sie auch besser reiten und ausbilden.

Die Gangarten kennen

Das Islandpferd ist ein Gangpferd. Das bedeutet, dass es neben den sogenannten drei Grundgangarten (Schritt, Trab und Galopp) zusätzlich über die Spezialgangart Tölt verfügt. Viele Islandpferde beherrschen außerdem noch eine weitere, fünfte Gangart, nämlich den rasanten Rennpass.

Tipp

Um möglichst viel Verständnis für die Gänge zu bekommen, hilft es, sowohl die Fuß- als auch die Phasenfolgen gut zu verstehen.

Die Spezialgangarten Tölt und Pass haben eine erbliche Komponente, sie sind also genetisch fixiert. Das kann daher kommen, dass Islandpferde in früheren Zeiten im schwierigsten Gelände zurechtkommen und extrem trittsicher sein mussten. Islandpferdereiter haben also einen bis zwei Gänge mehr zur Verfügung, was gleichzeitig Herausforderung und besonderen Spaßfaktor bedeutet.

GRUNDLAGENWISSEN

Um die Gänge anschaulich zu erklären, benutzen wir die Fuß- und Phasenfolge. Dies hilft dabei, besser zu verstehen, was genau in der Gangart selbst oder auch bei einem Taktfehler passiert.

Die Fußfolge beschreibt, in welcher Reihenfolge die vier Hufe des Pferdes in der jeweiligen Gangart auf dem Boden auffußen. Die Phasenfolge zeigt, wie viele Phasen es in dieser Gangart gibt und in welcher Reihenfolge sie nacheinander ablaufen. Hier sieht man genau, welche Hufe wann in der Luft und wann am Boden sind. Ich möchte euch, liebe Leserinnen und Leser dieses Buches, dazu ermuntern, möglichst viele unterschiedliche Pferde zu reiten, um ein Gefühl für die Gänge beim Reiten zu bekommen. Am wichtigsten hierbei ist, dass eine für den Reiter neue Gangart auf einem Pferd erlernt wird, welches diese sicher beherrscht. Nur so kann der Reiter, egal ob Kind oder Erwachsener,

GUT ZU WISSEN

Schwebe- oder Flugphase: Alle vier Hufe des Pferdes befinden sich in der Luft.

Einbeinstütze: Das Pferd ist mit einem Bein auf dem Boden, die anderen drei Beine sind in der Luft.

Zweibeinstütze: Das Pferd ist mit zwei Beinen auf dem Boden, die anderen zwei Beine sind in der Luft. Eine Zweibeinstütze kann diagonal (jeweils ein Bein der einen und eines der anderen Seite) oder lateral (beide Beine von der gleichen Seite) sein.

Dreibeinstütze: Das Pferd ist mit drei Beinen auf dem Boden, das vierte Bein ist in der Luft.

gleich von Anfang an ein richtiges Bewegungsgefühl bekommen, das ihm später immer dabei helfen wird, einen auftretenden Taktfehler in Richtung dieses korrekten Gefühls für die Gangart zu korrigieren. Das gelingt dann ebenso auf anderen Pferden. Je mehr Verständnis man für die unterschiedlichen Gangarten hat, desto einfacher ist es also auch, diese zu reiten. Deswegen sehen wir uns im Folgenden die Gänge genauer an – und zwar:

– wie die Gangart aussehen sollte,
– wie die jeweilige Fuß- und Phasenfolge ist,
– welche Fehler passieren können,
– warum sie möglicherweise passieren und
– was man tun kann, um diese Fehler zu beheben.

WELCHE FEHLER KÖNNEN PASSIEREN?

Es ist hilfreich, schon zu Beginn zu wissen, welche Fehler es in den verschiedenen Gangarten geben kann.

Taktfehler

Bei einem Taktfehler kommt das Pferd aus der Balance und der Takt der Gangart wird unregelmäßig. Die zeitliche Abfolge der einzelnen Phasen verändert sich. Es gibt unterschiedliche Ursachen für Taktfehler, zum Beispiel mangelnde Losgelassenheit, negative Spannung im Rücken, Anlehnungsfehler oder einseitige Schiefe. Dadurch, dass Islandpferde mehr Gangarten haben, kommt es schneller zu Verschiebungen zwischen den einzelnen Gängen. Aus diesem Grund hat das Erkennen und Korrigieren

»Wer das Tölten lernen will, sollte
dies möglichst auf einem
sicher taktklar töltenden Pferd tun!«

URSACHEN FINDEN, SINNVOLL KORRIGIEREN

Es gibt verschiedene Fehler. Wichtig ist immer, dass man die Ursache erkennt, denn nach der Ursache richtet sich auch die Korrektur. Anders gesagt: Es ist entscheidend, nicht nur die Symptome zu bekämpfen, sondern die Ursache zu beheben, damit das Pferd langfristig versteht, was der Reiter von ihm möchte, und die Fehler nicht mehr auftreten. Nur so ist auf Dauer ein positives Zusammenarbeiten mit dem Pferd möglich.

von Taktfehlern in der Ausbildung eine besondere Wichtigkeit. Je nach Pferdetyp und Gangverteilung kann es einfach sein oder auch viel Ausbildung erfordern, die Gänge sauber voneinander zu trennen.
Wir werden später besonders auf die Taktfehler eingehen, da dieses Thema wie gesagt beim Islandpferd mit seinen vier oder gar fünf Gängen oft komplizierter und vielschichtiger ist

als bei Nicht-Gangpferden. Trotzdem gibt es natürlich wie bei jedem anderen Pferd noch weitere Probleme, die beim Reiten auftreten können und die dann meistens auch wieder in einer Wechselwirkung mit den Taktfehlern stehen.

Tempofehler

Innerhalb einer Gangart hat der Reiter eine falsche Idealvorstellung vom korrekten Tempo oder ist nicht ausreichend in der Lage, dieses zu beeinflussen, zum Beispiel eilt das Pferd dem Reiter weg (Extremfall: Durchgehen) oder lässt sich nicht treiben (Extremfall: Parken).

Rittigkeitsfehler

Diese Fehler betreffen die Durchlässigkeit des Pferdes, also ein schlechtes Verständnis von Schenkel, Gewichts- und Zügelhilfen oder deren Zusammenwirken. Daraus resultieren beispielsweise Anlehnungsfehler, einseitige Schiefe oder Steifheiten im Körper des Pferdes.

Weitere Fehler

Auch eine störende Ausrüstung oder eine falsche Vorstellung des Reiters bzw. falsche Anforderung an das Pferd in der jeweiligen Situation können zu Fehlern führen.

Gegenseitiges Vertrauen ist eine wichtige Basis für die Ausbildung.

URSACHEN FÜR TAKTFEHLER

Mangelnde Losgelassenheit

Negative Spannung im Rücken

Anlehnungsfehler

Schiefe

Steifheiten

Falsches Tempo

Falsche Ausrüstung

Schritt

Jedes Islandpferd verfügt über die langsamste Gangart, den Schritt. Es gibt dabei eine große Bandbreite innerhalb der Rasse: Pferde mit hervorragendem Schritt, denen es leichtfällt, taktklar zu gehen und mit der Hinterhand weit unterzutreten, und Pferde, die von Natur aus keine gute Schrittveranlagung haben.

Schritt-Tempi

Verkürzter Schritt (Vorbereitung Übergänge)

Versammelter Schritt

Mittelschritt

Starker Schritt

Schritt ist eine wichtige Gangart, die man ausbilden kann wie die anderen Gänge auch. Im Schritt ist aber oft am schnellsten die Grenze erreicht und man ist relativ abhängig vom natürlichen Talent des Pferdes.
Im täglichen Training ist der Schritt von großer Bedeutung. Er wird zum Beispiel zum Aufwärmen vor und zum Entspannen nach der Trainingseinheit und für Pausen verwendet. Außerdem ist er wichtig in unwegsamem Gelände und zur Gymnastizierung des Pferdes. Überall, wo das möglich ist, bringt man dem Pferd eine neue Übung im Schritt bei, da wir hier am meisten Zeit haben, dem Pferd in Ruhe zu erklären, was wir von ihm wollen. Wenn das Pferd dies im Schritt versteht, ist es meistens viel leichter, das Erlernte in eine schnellere Gangart zu übertragen.

WIE SIEHT GUTER SCHRITT AUS?

Schritt ist ein Viertakt mit acht Phasen. Das Pferd soll sich zwar entspannt, aber trotzdem mit guter Energie und raumgreifenden Schritten gleichmäßig vorwärtsbewegen. Die Oberlinie soll locker aufgewölbt sein und die Bewegungen durch den ganzen Körper des Pferdes gehen.

FUSS- UND PHASENFOLGE

Wir starten mit hinten links, vorne links und vorne rechts gemeinsam auf dem Boden. Dann fußt vorne rechts ab, das heißt: In diesem Moment haben wir die laterale Zweibeinstütze aus hinten links und vorne links. Anschließend kommt hinten rechts dazu, das heißt: Es sind beide Hinterbeine und vorne links auf dem Boden, wir haben also eine Dreibeinstütze.
Jetzt fußt hinten links ab und somit haben wir die diagonale Zweibeinstütze mit vorne links und hinten rechts. Anschließend kommt wieder das rechte Vorderbein dazu und wir haben hinten rechts, vorne rechts und vorne links auf dem

1

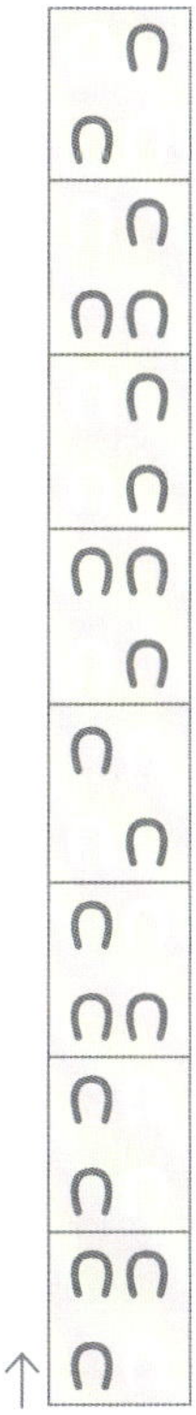

Phasenfolge Schritt

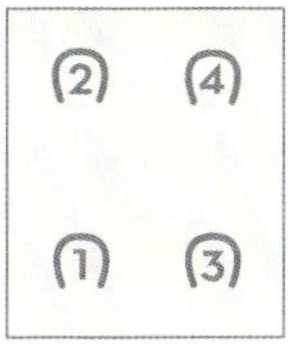

Fußfolge Schritt

Der Schritt

Schritt ist ein Viertakt mit acht Phasen.

2

1 Schritt wird zum Beispiel in den Belohnungspausen geritten.

2 Schritt mit hingegebenem Zügel

Guter Schritt ist ein Viertakt mit acht Phasen.

REITERGEFÜHL

„Beim Reiten im Mittelschritt habe ich das Gefühl, dass sich mein Pferd vom Widerrist an vertrauensvoll in meine Hand fallen lässt. Die Zügelverbindung ist weich, aber konstant. Die Energie fließt über den Rücken meines Pferdes nach vorn und nimmt mich gut in den Bewegungen mit. Meine Schenkelhilfen setzt das Pferd nicht in Eile, sondern in größere Schritte um. Ich höre den klaren gleichmäßigen Viertakt, das Auffußen klingt ruhig, weich und geschmeidig."

Boden. Danach fußt vorne links wieder ab und wir haben hinten rechts und vorne rechts gleichzeitig auf dem Boden. Dann kommt hinten links wieder dazu und wir haben wieder eine Dreibeinstütze aus hinten links, hinten rechts und vorne rechts, gefolgt vom Abfußen hinten rechts, was uns erneut in die diagonale Zweibeinstütze mit hinten links und vorne rechts bringt. Anschließend kommt vorne links dazu und es geht wieder am Anfang los.

TAKTFEHLER IM SCHRITT

Zwei häufige Taktfehler im Schritt sind der passige und der trabige Schritt (den Taktfehler zum Trab nennt man auch „Zackeln"). Im taktklaren Schritt sind die einzelnen Phasen gleich lang, dieser klare gleichmäßige Viertakt wird bei einem Taktfehler gestört. Beim passigen Schritt bleiben die lateralen Zweibeinstützen länger auf dem Boden, im trabigen Schritt die diagonalen Zweibeinstützen.

Im Schritt kommen oft, gerade in für das Pferd stressigen Situationen, die Rittigkeits- und mentalen Probleme deutlich zum Vorschein. Es ist wichtig, sich Zeit zu nehmen und zu reflektieren, wo die Ursachen liegen, und diese im Training ernst zu nehmen. Oft hilft es auch, den Schritt über die anderen Gangarten zu erarbeiten.

DIE PHASENFOLGE IM SCHRITT

1.
Hinten links, vorne links und vorne rechts sind gemeinsam auf dem Boden.

2.
Vorne rechts fußt ab, die laterale Zweibeinstütze aus hinten links und vorne links ist auf dem Boden.

3.
Hinten rechts fußt auf, wir haben eine Dreibeinstütze.

4.
Hinten links fußt ab, wir haben die diagonale Zweibeinstütze mit vorne links und hinten rechts.

5.
Das rechte Vorderbein setzt auf.

6.
Vorne links fußt wieder ab, hinten rechts und vorne rechts sind gleichzeitig auf dem Boden.

7.
Hinten links fußt auf, wir haben wieder eine Dreibeinstütze.

8.
Hinten rechts fußt ab, diagonale Zweibeinstütze ist hinten links und vorne rechts.

Trab

Den Trab nutzen wir beim Islandpferd für viele unterschiedliche Dinge: In der Lösungsphase (vor allem bei Pferden, denen der Trab leichter fällt als der Tölt), zur Gymnastizierung beim dressurmäßigen Reiten oder beim Geländereiten (vor allem bergauf).

Trab-Tempi

Versammelter Trab

Arbeits-Mitteltempo Trab

Mitteltrab

Starker Trab

Je nachdem, wie mein Pferd gangveranlagt ist, findet die Grundausbildung des Pferdes im Trab statt. Pferde, die von Natur aus eher den Trab anbieten, werden so lange im Trab geritten, bis das Zusammenwirken der Hilfen gut genug verstanden ist, um dann das Tölten zu erlernen.

WIE SIEHT GUTER TRAB AUS?

Trab ist ein Zweitakt mit vier Phasen. Das Pferd bewegt sich mit einer gut aufgewölbten Oberlinie und deutlicher Schwebephase federnd vorwärts. Die Hinterbeine fußen unter den Körper, der Rücken schwingt elastisch mit und das Pferd geht mit leichtem Genick energisch und raumgreifend zur Reiterhand nach vorn.

Trab ist eine schwungvolle Gangart im Zweitakt.

Die Schwebephase ist hier deutlich erkennbar.

REITERGEFÜHL

„Ich trabe im Mitteltrab leicht. Guter Trab fühlt sich gleichmäßig und schwungvoll an, der runde aufgewölbte Rücken meines Pferdes federt mich auf und ab. Ich habe das Gefühl, dass ich über die Geschwindigkeit meines Leichttrabens das Tempo meines Pferdes steuern kann, ich muss zum Beispiel nur etwas langsamer aufstehen und wieder einsitzen, um mein Pferd ein wenig zurückzuführen. Mein Pferd wölbt den Rücken auf und tritt mit den Hinterbeinen kraftvoll unter den Schwerpunkt. Es tritt an das Gebiss heran, wodurch ich einen angenehmen leichten Zug von den Hinterbeinen zu meinen Ringfingern spüre."

FUSS- UND PHASENFOLGE

Trab ist eine Gangart mit diagonalen Zweibeinstützen. Wir beginnen mit der Diagonale vorne links und hinten rechts, gefolgt von einer Schwebephase. Anschließend kommt die andere Diagonale aus hinten links und vorne rechts, wieder gefolgt von einer Schwebephase. Dann starten wir von vorn.

ANTRABEN

Das Antraben kann mit einem Gangpferd etwas diffiziler sein als mit einem Dreigänger. Auf den Unterschied zwischen Antraben und Antölten gehe ich im Töltkapitel ausführlicher ein (siehe Seite 54).

1

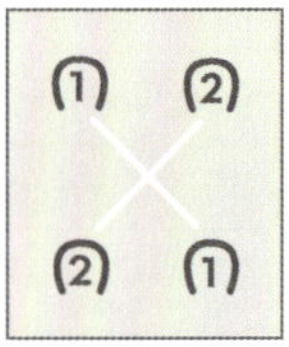

Fußfolge Trab

2

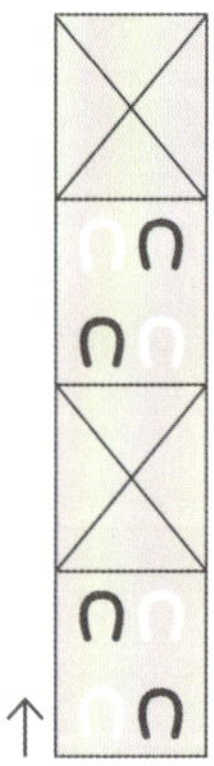

Phasenfolge Trab

Der Trab

Trab ist eine Gangart im Zweitakt, in der sich die diagonalen Zweibeinstützen abwechseln, jeweils getrennt von einer Schwebephase.

TAKTFEHLER IM TRAB

Die häufigsten Fehler im Trab sind Verschiebungen in Richtung Tölt oder Galopp und das sogenannte Schmieden.

Vierschlag: Verschiebung zum Tölt

Beim Taktfehler in Richtung Tölt spricht man von „Vierschlag", das heißt, die Diagonalen fußen nicht mehr klar auf und ab und die Schwebephase wird weniger oder verschwindet ganz. Je stärker der Vierschlag, desto näher ist das Pferd am Tölt und wechselt bei anhaltendem Fehler dann auch oft komplett vom Trab in den Tölt.

Ursachen: zum Beispiel zu wenig Schluss in der Oberlinie, eine von Natur aus nicht so gute Trabveranlagung oder zu schnelles Reiten.

3

4

Die Phasenfolge im Trab

1 Diagonale vorne links und hinten rechts

2 Schwebephase

3 Diagonale hinten links und vorne rechts

4 Schwebephase

Tipps zur Problemlösung

Wenn mein Pferd im Trab die Balance verliert und in den Tölt wechselt, dann ist es wichtig, erst die Balance des Pferdes im Tölt herzustellen, bevor ich das Pferd wieder in den Trab fallen lasse. Gerade am Anfang der Ausbildung ist die Trabhilfe ja oft mit einem deutlich nachgebenden Zügel verbunden. Gibt man also jedes Mal, wenn das Pferd aus dem Trab fällt, sofort mit dem Zügel nach, um wieder Trab zu finden, dann verknüpft das Pferd das Aus-dem-Trab-Fallen positiv und denkt, dass der Balanceverlust die richtige, vom Reiter erwünschte Reaktion ist. Um also dem Pferd nicht versehentlich beizubringen, bei jeder kleinen Unsicherheit in den Tölt zu wechseln, ist es wichtig, dass man zuerst die Ursache korrigiert (warum das Pferd aus der Gangart gefallen ist) und das Pferd dann, nach erfolgreicher Korrektur, im Moment des Lobens wieder in den Trab wechseln lässt.

Galopprolle: Verschiebung zum Galopp

Den Fehler in Richtung Galopp bezeichnet man auch als Galopprolle. Auch hier verlässt das Pferd den klaren diagonalen Zweitakt und verschiebt dieses Mal in Richtung Rechts- oder Linksgalopp. Das Pferd kommt aus dem Gleichgewicht und versucht sich über eine Bewegung, die je nach Ausprägung fast wie ein Angaloppieren aussehen kann, wieder auszubalancieren. Schafft es das nicht, springt es in den Galopp.

Ursachen: zum Beispiel ein falsch gewähltes Tempo, Ermüdung, zu tiefer Boden, Schiefe oder Steifheit des Pferdes.

Tipps zur Problemlösung

Wenn das Pferd bei einer Galopprolle häufig oder immer in Richtung eines bestimmten Galopps verschiebt, dann kann es für alle Gänge helfen, den schwächeren Galopp zu fördern. Konkret bedeutet das: Rollt das Pferd beispielsweise immer im Trab und/oder Tölt links, dann fördert und trainiert man eine gewisse Zeit mehr den Rechtsgalopp, um die Schiefe des

Dressurmäßiges Reiten im Gelände, hier in Dehnungshaltung, verbessert nicht nur die Gangart Trab, sondern ist eine hervorragende Überprüfung der Losgelassenheit.

Pferdes zu korrigieren. So kann man über die Galopparbeit Tölt und Trab verbessern.

Schmieden

Beim Schmieden tritt sich das Pferd mit der Zehe des Hinterhufs in die Unterseite des Vorderhufs, das Vorderbein fußt also nicht früh genug nach vorn ab.

Ursachen: Häufig hat das Pferd zu viel Gewicht auf der Vorhand und fußt deswegen nicht schnell genug ab. Außerdem begünstigt ein Exterieur mit langen Beinen und kurzem Rücken diesen Fehler.

Tipp

Probleme im Trab kann man natürlich über dressurmäßiges Reiten verbessern. Oft hilft aber Training ohne den Reiter sehr gut, zum Beispiel Handpferdereiten, Cavaletti-Arbeit, Freispringen oder Longieren.

Galopp

Auch den Galopp benutzen wir häufig in der täglichen Arbeit. Beim dressurmäßigen Reiten hat diese Gangart den Vorteil, dass die Pferde über die Galopparbeit viel Kraft und Ausdauer bekommen. Beim Geländereiten galoppieren wir vor allem bergauf.

Galopp-Tempi

Versammelter Galopp

Arbeitsgalopp

Mittelgalopp

Starker Galopp

Renngalopp

WIE SIEHT GUTER GALOPP AUS?

Guter Galopp ist ein gleichmäßiger Dreitakt mit einer deutlichen Sprungphase. Das Pferd springt mit runder Oberlinie und aktiver Hinterhand raumgreifend klar erkennbar bergauf, die Vorhand bewegt sich leicht und frei.

1

2

1 Ein frischer Galopp im Gelände macht Pferd und Reiter Freude.

2 Zudem ist Galopp ein hervorragendes Training für Kraft und Kondition.

REITERGEFÜHL

„Ich merke, wie das Pferd sich mit der Hinterhand kraftvoll vom Boden abstößt und unter seinen Körperschwerpunkt springt, dadurch ensteht eine deutliche Bergauf-Bewegung nach vorne-oben, die mich wie auf einer Welle aus Vorwärtsenergie über den aufgewölbten Rücken mit nach vorn nimmt und angenehm in meiner Hand ankommt."

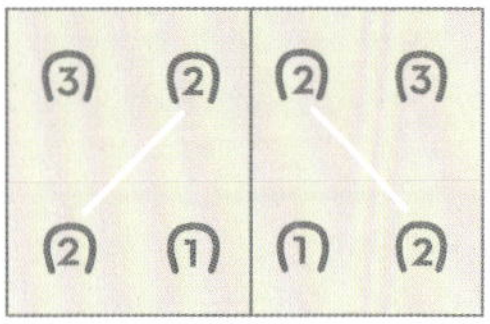

Fußfolge Galopp

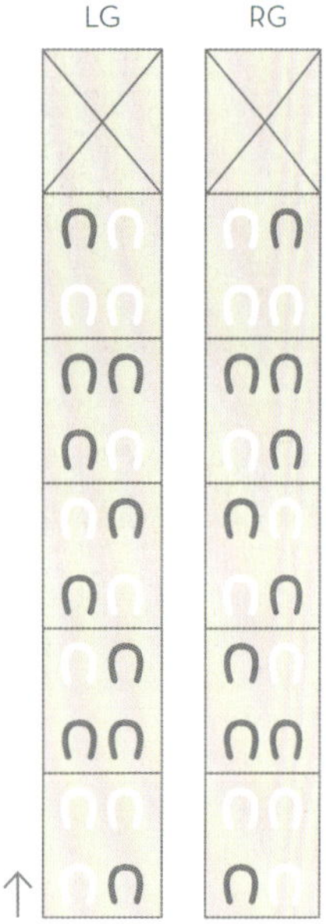

Phasenfolge Galopp

Der Galopp

Der Galopp ist ein Dreitakt mit sechs Phasen. Wichtig ist eine klar erkennbare Sprungphase bergauf. Man unterscheidet Rechts- und Linksgalopp.

FUSS- UND PHASENFOLGE

Die **Fußfolge** im Galopp ist davon abhängig, ob sich das Pferd im Links- oder Rechtsgalopp befindet. Im **Linksgalopp** drückt sich zuerst das rechte Hinterbein vom Boden ab, anschließend fußt die Diagonale aus hinten links und vorne rechts und als Letztes kommt das linke Vorderbein. Es folgt eine Sprungphase und anschließend geht es wieder von vorn los. Im **Rechtsgalopp** ist es genau andersherum, es fußt zuerst das linke Hinterbein, gefolgt von der Diagonale vorne links und hinten rechts und als letztes das rechte Vorderbein, gefolgt von einer Sprungphase.

Phasenfolge: Der Galopp ist ein Dreitakt mit sechs Phasen. Im **Linksgalopp** beginnt das rechte Hinterbein, dann kommt die Diagonale aus hinten links und vorne rechts dazu, hinten rechts fußt ab, das Pferd ist mit hinten links und vorne rechts auf dem Boden. Anschließend kommt vorne links wieder dazu, das heißt, es befinden sich das linke Hinterbein, das linke Vorderbein und das rechte Vorderbein gleichzeitig auf dem Boden. Dann fußt die Diagonale ab und es bleibt nur vorne links auf dem Boden. Anschließend fußt vorne links ab und es folgt die Sprungphase. Im **Rechtsgalopp** ist es genauso, nur gespiegelt.

DIE FUSSFOLGE IM LINKSGALOPP

1.

Einbeinstütze hinten rechts

2.

Diagonale hinten links, vorne rechts

3. Einbeinstütze vorne links

4. Sprungphase

1

Tipp

Oft konzentrieren sich Reiter im Galopp zu stark auf die innere Seite des Pferdes. Wer aber besseren Durchsprung im Galopp erreichen möchte, der muss dafür sorgen, dass das äußere Hinterbein kraftvoller abfußt!

TAKTFEHLER IM GALOPP

Der Galopp kann sich sowohl in Richtung Tölt oder Pass als auch in Richtung Trab verschieben. Er ist bei Islandpferden sehr unterschiedlich ausgeprägt: Es gibt Pferde, die von Natur aus eine sehr gut durchspringende Hinterhand haben und sich deswegen leicht tun, den Galopp zu halten. Bei anderen Pferden kommt es schnell zu Fehlern.

Vierschlag: Verschiebung zum Tölt

Verschiebt sich der Galopp in Richtung Tölt, spricht man auch hier (wie beim Trab) von Vierschlag oder gelaufenem Galopp. Die Diagonale wird gebrochen und fußt nicht mehr sauber zusammen auf, die Hinterhand springt nicht mehr richtig durch.

Ursachen: zum Beispiel viel Töltveranlagung, eine wenig aktive Hinterhand oder zu wenig Energie.

Kreuzgalopp

Beim sogenannten Kreuzgalopp befindet sich die Vorhand im Rechtsgalopp und die Hinterhand im Linksgalopp oder umgekehrt.

Ursachen: Dies ist ein Taktfehler, der zum Beispiel aus zu viel negativer Spannung im Rücken resultiert, die durch einen störenden Reiter, Verspannung oder zu viel Gewicht auf der Vorhand oder auch aus einem zu hektischen Angaloppieren resultieren kann.

Außengalopp

Im Galopp gibt es den Sonderfall, dass die Fuß- und Phasenfolge sich

2

3

1–3 Vierschlaggalopp: Im Renngalopp wird aufgrund der hohen Geschwindigkeit der Galopp vierschlägig. Man sieht deutlich, wie die Diagonale gebrochen wird.

auf den beiden Händen unterscheidet. Deswegen kann es passieren, dass das Pferd falsch anspringt und den für die momentane Hand falschen Galopp wählt.

Tipps zur Problemlösung

Galopp ist eine Gangart, die bei Isländern durch die unterschiedlichen Gänge zwar eher fehleranfällig ist, sich aber sehr gut ausbilden lässt. Wichtig ist, dass man auf keinen Fall versucht, den Galopp über Tempo zu halten. Man kommt einfacher voran, wenn man viele Übergänge reitet und lieber ein paar gute Galoppsprünge erarbeitet und deutlich belohnt, als wenn man versucht, möglichst lange irgendwie zu galoppieren und dem Pferd so Stress vermittelt (und das Gefühl, dass es die Gangart nicht halten kann). Pferde, die sich im Galopp schwertun, brauchen unbedingt Erfolgserlebnisse. Sie müssen merken, dass sie die gestellte Anforderung auch bewältigen können.

Deswegen hilft es, die Pferde in einer anderen Gangart, die ihnen leichter fällt (Schritt, Trab oder Tölt), gut in die Balance zu reiten, zum Beispiel auch über gebogene Linien. Aus dieser guten Balance galoppiert man an und nimmt sofort zurück in die vorige Gangart, wenn die Pferde anfangen, die Balance wieder zu verlieren. Dann gilt es, die Balance wiederherzustellen und daraus neu anzugaloppieren. So kommen die Pferde körperlich und seelisch ins Gleichgewicht, da sie den Galopp nicht mit einer zu schwierigen, nur über viel Tempo lösbaren Aufgabe verbinden.

Tipp

Bei vielen Problemen im Galopp ist Bergauf-Galoppieren eine sehr einfache, aber effektive Hilfe.

Tölt

Auf den Tölt wird bei Islandpferden sehr viel Wert gelegt und er ist eines der Alleinstellungsmerkmale dieser Rasse. Er wird vom langsamen bis ins hohe Tempo geritten, wobei immer mindestens ein Bein auf dem Boden ist.

Immer ein Bein am Boden – das ist der Grund dafür, weswegen Tölt äußerst bequem zu sitzen ist, egal, in welcher Geschwindigkeit man reitet. Das trägt nicht unwesentlich zur enormen Beliebtheit des Islandpferdes bei. Tölt wird wie die Grundgangarten in der dressurmäßigen Arbeit zur Gymnastizierung geritten. Auch beim Ausreiten auf gerader Strecke oder leicht bergab reiten wir Tölt. Außerdem ist er wichtiger Bestandteil der Turnierprüfungen.

Am Anfang seiner Ausbildung hat ein Pferd ein bestimmtes Tempo, in dem es ihm am leichtesten fällt zu tölten. Dieses wird zunächst gefestigt, darauf aufbauend werden dann die anderen Tempi entwickelt.

WIE SIEHT GUTER TÖLT AUS?

Das Pferd bewegt sich mit gelöstem fließendem Bewegungsablauf im klaren Viertakt gleichmäßig vorwärts. Es trägt sich selbst und ist durch eine aktiv arbeitende Hinterhand gut in der Balance. Der Rücken ist locker, das Pferd ist gut aufgerichtet und geschmeidig. Die Bewegungen sind akzentuiert, hoch-weit und raumgreifend.

Im langsamen Tempo soll die Hinterhand tragen und das Pferd ohne negative Spannung in der Oberlinie gut aufgewölbt unter den Schwerpunkt treten. Wird das Pferd schneller, soll sich der komplette Rahmen gleichmäßig erweitern, die Schritte werden bei weiterhin aufgewölbter Oberlinie raumgreifender.

FUSS- UND PHASENFOLGE

Die **Fußfolge** im Tölt ist dieselbe wie im Schritt: hinten links, vorne links, hinten rechts und vorne rechts. Den Unterschied zwischen Schritt und Tölt sieht man deutlich in der **Phasenfolge**: Tölt ist ein Viertakt mit acht Phasen. Wir starten mit der Einbeinstütze hinten links, anschließend kommt vorn links dazu, das heißt, wir haben eine laterale Zweibeinstütze aus vorn und hinten links. Anschließend fußt hinten links ab, wir haben eine Einbeinstütze vorne links. Dann kommt hinten rechts dazu und wir haben die diagonale Zweibeinstütze aus vorne links und hinten rechts. Anschließend fußt vorne links ab und wir haben wieder eine Einbeinstütze. Nun kommt vorne rechts dazu, also die laterale Zweibeinstütze aus rechtem

Tölt-Tempi

Versammelter Tölt

Langsames Tempo Tölt

Mitteltempo Tölt

Starkes Tempo Tölt

Außerdem gibt es auf den Turnieren die Spezialdisziplin „Zügelüberstreichen“, was in diesem Fall Tölt am hingegebenen Zügel bedeutet.

REITERGEFÜHL

„Im Tölt sitze ich bergauf und egal in welcher Geschwindigkeit immer ruhig und bequem. Dabei habe ich das Gefühl, dass ich gleichmäßig im Pferd anstatt obendrauf sitze. Mein Pferd setzt seine Hinterbeine unter den Körperschwerpunkt und nimmt mich mit locker durch den Körper fließenden Bewegungen über den Rücken nach vorn mit. Die Balance hält das Pferd über das richtige Zusammenarbeiten von Vor- und Hinterhand, meine Zügelverbindung ist angenehm leicht und das Genick gibt beweglich nach. Das Pferd trägt sich selbst und sprudelt locker unter mir.“

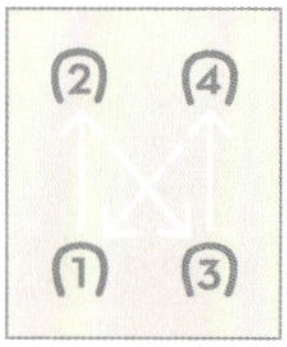

Fußfolge Tölt

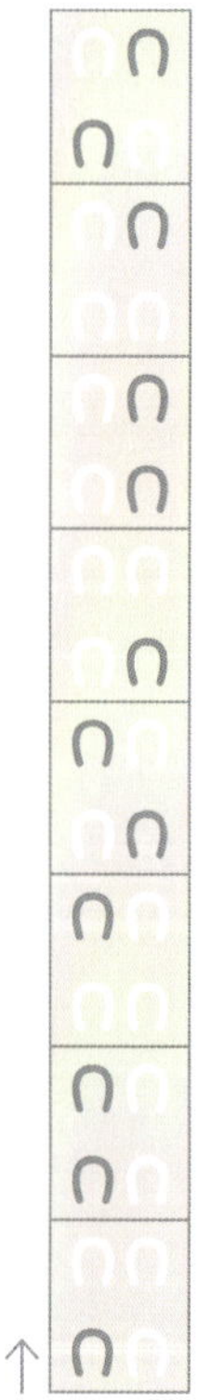

Phasenfolge Tölt

Tölt ist sehr bequem zu sitzen, egal in welcher Geschwindigkeit man ihn reitet.

Der Tölt

Der Tölt ist ein klarer Viertakt mit acht Phasen. Er hat dieselbe Fußfolge wie der Schritt, unterscheidet sich aber in der Phasenfolge.

Vorder- und Hinterbein. Als Nächstes fußt hinten rechts ab, wir haben wieder eine Einbeinstütze. Anschließend kommt hinten links zur diagonalen Zweibeinstütze dazu, dann fußt vorne rechts ab und wir sind wieder am Anfang. An dieser Phasenfolge kann man sehen, warum der Tölt so bequem zu sitzen ist – es wechseln sich Einbein- und Zweibeinstützen (diagonal und lateral) gleichmäßig ab. Daher ist zwar immer ein Bein auf dem Boden, trotzdem können die Pferde sehr schnell werden. Im Schritt dagegen wechseln sich Zwei- und Dreibeinstützen ab, deswegen werden keine so hohen Geschwindigkeiten erreicht.

DIE PHASENFOLGE IM TÖLT

1.
Einbeinstütze hinten links

2.
Laterale Zweibeinstütze hinten links und vorne links

3.
Einbeinstütze vorne links

4.
Diagonale Zweibeinstütze hinten rechts und vorne links

5.
Einbeinstütze hinten rechts

6.
Laterale Zweibeinstütze hinten rechts und vorne rechts

7.
Einbeinstütze vorne rechts

8.
Diagonale Zweibeinstütze hinten links und vorne rechts

Die richtige Hilfengebung

Antraben oder Antölten?

Wie unterscheidet mein Pferd, ob ich antraben oder antölten will? Wichtig ist eine gute Vorbereitung, die dem Pferd durch eindeutige Hilfen zeigt, in welche Gangart es wechseln soll.

Die Vorbereitung erfolgt sowohl beim Antölten als auch beim Antraben relativ ähnlich: Ich bereite mein Pferd mit halben Paraden auf den Gangartenwechsel vor. Je nach Gangverteilung meines Pferdes braucht es etwas mehr oder weniger Energie, um Trab und Tölt zu unterscheiden.
Wenn ich beispielsweise ein Pferd antölten möchte, was nicht von selbst den Tölt wählt, dann bereitet bereits meine Körperspannung das Pferd darauf vor, welche Gangart gleich kommen wird. Allein schon, dass ich mich darauf konzentriere, wie sich die nächste Gangart anfühlen wird, sorgt dafür, dass mein Körper sich etwas mehr in diese Richtung bewegt, zum Beispiel die Art und Weise, wie ich mit der Hüfte der Bewegung folge. Zum Antölten erhöhe ich in diesem Fall meine Körperspannung und aktiviere meine Bauchmuskulatur etwas mehr. Ich gebe halbe Paraden, das heißt, dass ich meine Beine vermehrt ans Pferd lege, den Kontakt an den Gesäßknochen erhöhe und meine Ringfinger bewege – das alles vermittelt meinem Pferd, dass es ebenfalls etwas mehr Körperspannung aufnehmen soll, und bereitet es auf den Tölt vor. Dann gebe ich die gleichen Hilfen weiter, atme ein und erhöhe die vorwärtstreibenden Hilfen an meinem Schenkel, im Verhältnis passend dazu auch die anderen Hilfen, bis mein Pferd antöltet. Wichtig ist dabei, dass es nicht um Negativspannung, sondern um positive Körperspannung bei Pferd und Reiter geht!
Beim Antraben hingegen atme ich aus und entspanne mich, um dem Pferd zu vermitteln, dass es traben darf. Wenn das noch nicht reicht, hilft es Pferden, die nicht so einfach antraben, wenn ich mit dem Oberkörper und der Hand etwas nach vorn gehe und so den Rücken entlaste.

Tipp:

Bei recht gleichmäßig veranlagten Pferden, die beim Anreiten oft unsicher sind, ob sie Tölt oder Trab wählen sollen, kann es besonders zu Beginn der Ausbildung helfen, mit den Händen leicht auf den Mähnenkamm zu drücken, wenn man traben möchte. So kann man gerade die jungen Pferde, die die Reiterhilfen noch nicht gut genug verstehen, mit dieser zusätzlichen Hilfe etwas unterstützen. Im Laufe der Ausbildung sollte dies über die immer besser werdende Feinabstimmung des Zusammenwirkens der Hilfen dann immer weniger nötig sein.

TAKTFEHLER IM TÖLT

Im Tölt gibt es verschiedene Taktfehler. Diese können viele unterschiedlichen Ursachen haben. Nachfolgend arbeiten wir anhand von Beispielen, die nicht den Anspruch haben, alles vollständig abzubilden, sondern eine individuelle Herangehensweise an das jeweilige Pferd vermitteln sollen. Ein sehr guter Reiter kann seine eigene Körperspannung so beeinflussen, dass er dem Pferd darüber hilft, in die richtige Balance zu kommen. Er kann den Rücken immer wieder etwas entlasten, um das Pferd zu lösen, oder über eine belastende Gewichtshilfe etwas mehr Körperspannung ins Pferd bringen.

Das Pferd kann den Takt in Richtung Trab, Pass oder Galopp verschieben. Beim taktklaren Tölt dauert jede Phase gleich lang.

Trabtölt

Verschiebt sich die Abfolge der Schritte in Richtung Trab, bleibt die diagonale Zweibeinstütze länger auf dem Boden als die laterale Zweibeinstütze, das Pferd wird „trabig".
Die Ursachen hierfür können ganz unterschiedlich sein, zum Beispiel mangelnde natürliche Töltveranlagung des Pferdes, Exterieurprobleme (wie eine ungünstig gewinkelte Hinterhand) oder auch das Interieur (evtl. mangelnder Vorwärts-

drang). Trabtölt geht oft mit einer schlechten Oberlinie einher.

Korrektur Trabtölt – ein Beispiel

Ganz wichtig ist bei einer Korrektur des Trabtölts: Der Reiter muss sehr gut darauf achten, dass der Hals des Pferdes in der Korrektur nicht zu kurz wird. Es passiert schnell, dass ein Reiter versucht, das Pferd über die Hand im Tölt zu halten, wenn er merkt, dass es über Schenkel- und Gewichtshilfen nicht ausreichend gelingt. Daraus ergibt sich aber ein Teufelskreis. Das Pferd muss, um den Trabtölt zu korrigieren, mit der Hinterhand mehr unter den Körperschwerpunkt treten, darüber den Rücken anheben und sich im Hals wieder fallen lassen. Ist aber der Hals des Pferdes aufgrund von zu viel Handeinwirkung schon zu kurz aufgenommen, so hat das Pferd im wahrsten Sinn des Wortes keinen Platz, noch mit den Hinterbeinen unter den Schwerpunkt zu treten. Der Reiter zieht sich oft immer mehr fest.

In diesem Fall helfen viele korrekte Übergänge, die dem Reiter das Gefühl vermitteln, dass er es schafft, sein Pferd im richtigen Zusammenspiel der Hilfen im Tölt zu halten. Er kann es dem Pferd so viel leichter machen, den Rücken aufzuwölben und über korrekten Einsatz des Körpers taktklar zu bleiben. Ganz praktisch bedeutet dies, dass man im Schritt anfängt, mehr zu treiben, und dieses verstärkte Treiben über die Gewichtshilfen wieder auffängt. Je besser das gelingt, desto weniger Zügelhilfe braucht man und desto geringer ist die Gefahr, dass man sich mit seinem Pferd in eine kaum mehr lösbare Situation manövriert.

Schafft es der Reiter, den Takt des Schritts ohne viele Zügelhilfen etwas in Richtung der Lateralen zu verschieben, dann hat er das Nötige verstanden, um im Tölt weiterzuarbeiten. Gleichzeitig hat er sich eine Basis geschaffen, auf die er immer wieder zurückgreifen kann, falls er die Körperspannung im Tölt wieder verliert: Schrittübergang, sobald der Tölt so trabig wird, dass man zu viel Zügelkorrektur brauchen würde, dann kurz im Schritt die Hilfen wieder sortieren, und sobald man es geschafft hat, den lateralen Schritt zu erzeugen, wieder lostölten, damit das Pferd nicht versehentlich den Trabtölt mit der Belohnung einer Schrittpause verknüpft – dieses folgt immer aus dem guten taktklaren Tölt heraus.

Ein eingespieltes Team braucht keine Ausrüstung, um taktklar zu tölten, nicht einmal mit dem Deckhengst neben der Jungstutenherde …

Passtölt

Beim „passigen" Tölt bleiben die lateralen Beinpaare länger auf dem Boden als die diagonalen, das Pferd verschiebt also in Richtung fehlerhaftem Pass. Je passiger ein Pferd töltet, desto weniger kommt die Diagonale noch zustande, im Extremfall verschwindet sie ganz und die lateralen Beinpaare fußen jeweils gleichzeitig auf – das Pferd geht sogenannten „Schweinepass".
Wenn sich ein Pferd im „Schweinepass" noch weiter verspannt, kann es sogar zum höchsten Verspannungsgrad, dem sogenannten „Wechseln" oder „Tribulieren", kommen. Dabei macht das Pferd den Rücken so fest, dass das Vorderbein eines lateralen Beinpaars vor dem Hinterbein aufkommen würde. Um sich nicht selbst zu treten, lässt das Pferd deswegen ein Bein kurz stehen und wechselt einmal durch – eine für Pferd und Reiter sehr unbequeme Sache.
Ursache für den Passtölt kann zum einen das Exterieur des Pferdes sein (ein kurzer, tiefer Hals, der dem Pferd wenig Aufrichtung ermöglicht, oder ein fester, gerader Rücken). Auch das Interieur kann zum Passtölt führen, zum Beispiel Stress, der eine zu hohe Spannung der Muskulatur verursacht. Es können aber auch ganz einfache äußere Einflüsse sein, die den Taktfehler bedingen, dazu gehört etwa ein für das Pferd unpassend gewähltes Tempo.

Ein weicher, federnder Grasboden kann die Pferde dabei unterstützen, sich im Tölt zu lösen.

Korrektur Passtölt – ein Beispiel

Geht das Pferd Passtölt, weil es verspannt ist, kann Folgendes helfen: Reiten von vielen gebogenen Linien (zum Beispiel Schlangenlinien durch die ganze Bahn mit drei Bögen), lösendes Galoppieren vorwärts, Galopp-Trab-Übergänge.

Galopprolle

Bei der Galopprolle verschiebt das Pferd den Takt des Tölts in Richtung Rechts- oder Linksgalopp. Die Einbeinstütze vorn kommt kaum mehr zustande und das Pferd stützt sich wie beim Angaloppieren vermehrt mit dem äußeren Hinterbein ab, wodurch die innere Schulter höher kommt.
Ursachen: denkbar sind ein zu hohes Tempo oder mangelnde Kraft/bereits eingetretene Müdigkeit des Pferdes, eine deutliche Schiefe von Pferd und/oder Reiter oder zu tiefer Boden.

Korrektur Linksrolle – ein Beispiel

Es kann zu einer Linksrolle kommen, wenn das Pferd einseitig schief ist. Wichtig bei dieser Korrektur ist, dass man als Reiter nicht anfängt, mit dem Becken die beginnende Galoppbewegung mitzumachen, und den Fehler damit immer weiter verstärkt. Es hilft, „gegen die Rolle zu sitzen".
Das heißt: Wenn das Pferd links rollt, sollte man sich anspannen und vermeiden, mit dem Becken die Bewegung in Richtung Linksgalopp mitzu-

Das Eintölten kann für jedes Pferd individuell anders aussehen.

machen. Im Gegenteil, man stellt sich gut vor, wie sich Rechtsgalopp anfühlt.
Man hilft dem Pferd über das Reiten von korrekten Biegungen, vielen Handwechseln und Übergängen, seine Balance zu finden. Oft ist es zielführend, Übergänge aus dem Tölt in den schwächeren Galopp zu machen, also auf die Seite, wo das Pferd weniger rollt. In unserem Beispiel empfehlen sich also Übergänge Tölt – Rechtsgalopp – Tölt.

DAS EINTÖLTEN

Das Eintölten, also das Erlernen der Gangart Tölt, kann auf ganz unterschiedlichen Wegen erfolgen, je nach Gangveranlagung des Pferdes. Je weniger Töltveranlagung das Pferd von Natur aus hat, desto mehr dressurmäßige Ausbildung muss vorher stattfinden, um dem Pferd entsprechend helfen zu können.

Eintölten

Sehr wichtig ist, dass das Eintölten ein erfahrener Reiter übernimmt, der ein sehr gutes Bewegungsgefühl für die Gangart Tölt hat und über genug Können und Erfahrung verfügt, dem Pferd in die richtige Balance und Körperspannung zu helfen.

Balance ist ein wichtiges Thema …

Aus dem Vorwärts

Vielen Pferden fällt es gerade am Anfang ihrer Ausbildung am leichtesten, den Tölt aus dem Vorwärtsfluss zu erlernen. Eine sehr effektive Übungsreihe ist es zum Beispiel, im Galopp durch die ganze Bahn zu wechseln und dabei vorsichtig etwas zuzulegen. Die jungen Pferde, die sich beim Eintölten ja meist noch in der Grundausbildung befinden, verlieren hierbei im Galopp das Gleichgewicht und wechseln oft von selbst in den Tölt, um sich auszubalancieren. Der Reiter unterstützt das Pferd durch ein ruhiges, aber energisches Treiben in die konstante Zügelverbindung hinein und durch seine deutlich erhöhte Körperspannung – also die Hilfen, die das Pferd später mit dem Antölten verbinden soll.
Sobald das Pferd ein paar Schritte Tölt geht, pariert der Reiter zum Schritt durch und lobt ausgiebig. Dabei ist es von Vorteil, wenn die Pferde vorher schon gelernt haben, auf Stimme durchzuparieren. So gerät man nicht in Gefahr, die ersten Töltversuche mit zu viel Zügeleinsatz zu verknüpfen. Wenn die Pferde wissen, dass sie beim Wechseln in den Tölt mit einer Schrittpause belohnt werden, wechseln sie meist recht schnell schon beim Abwenden auf die Diagonale in den Tölt. Nach und nach kann man ein paar Schritte mehr verlangen und die Töltstrecke allmählich verlängern.

Aus dem langsamen Tempo

Fällt es dem Pferd leichter, den Tölt über das langsame Tempo zu erlernen, ist auch das eine gute Option. Hierbei ist es ähnlich wie beim Korrigieren des Trabtölts: Man will dem Pferd ja ebenfalls vermitteln, dass es nicht traben, sondern tölten

…bei der Ausbildung eines Gangpferdes.

Tipp

Man kann das Pferd beim Finden des Tölts unterstützen, indem man für einen kurzen Zeitraum die Vordereisen abnimmt oder durch leichte Aluminiumeisen ersetzt.

soll. Also achtet man wieder extrem gut darauf, dass das Pferd den Tölt nicht mit einem kurzen Hals und weggedrücktem Rücken verknüpft. Man treibt so lange im zügigen Schritt in die konstante weiche Zügelverbindung hinein, bis sich der Takt in die Laterale verschiebt. Dann lernt das Pferd diese Art der Körperspannung, ohne die Oberlinie und damit die Verbindung zwischen Hinter- und Vorderhand zu verlieren.

Man kann das Pferd auch unterstützen, indem man zum Beispiel die Vordereisen für einen kurzen Zeitraum abnimmt oder (je nach Hufqualität) Aluminiumeisen verwendet. Sie schützen den Huf, ohne viel Gewicht an die Vorderhufe zu bringen. Dies hilft den Pferden, die eher zum Trab neigen, vorn schneller abzurollen und weniger große Schritte mit den Vorderbeinen zu machen. Dadurch finden sie meist leichter und mit weniger Kraftaufwand in die laterale Gangart Tölt. Oft reichen schon wenige Trainingseinheiten, bis das Pferd die Grundidee der Gangart verstanden hat, und man kann wieder ganz normal beschlagen. Wichtig ist am Anfang, jeden einzelnen Schritt zu belohnen, am besten auch hier wieder mit einer kurzen Schrittpause, die dem Pferd vermittelt, dass es richtig reagiert hat. Auf diese Weise kann man außerdem überprüfen, ob man das Pferd nicht überfordert – in diesem Fall ist es nämlich schwierig, direkt wieder losgelassenen Schritt zu reiten. Nach und nach verlängert man dann die Töltstrecke.

Wenn das Pferd genug Töltveranlagung hat, ist es ideal, beide Herangehensweisen zu kombinieren und sich der Gangart Tölt sowohl aus dem Vorwärtsfluss als auch über den langsamen Tölt anzunähern.

SAGA WIRD EINGETÖLTET

Hier ein Beispiel, wie man einem Pferd individuell helfen kann, das Eintölten einfacher zu verstehen: Saga ist eine fünfgängig veranlagte, sehr feine Stute mit viel Tölt. Sie war beim Anreiten ein etwas schüchternes Pferd und hat sich trotz eigentlich gutem Vorwärtsdrang nicht so getraut, wirklich zur Hand hinzulaufen.

1. Saga habe ich auf zwei Arten dabei unterstützt, das Tölten einfacher zu lernen.

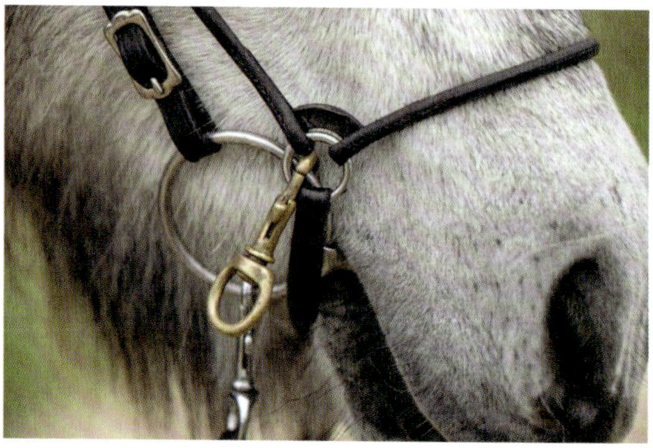

2. Zum einen habe ich die Zügel sehr lange in Gebiss und Nasenriemen zusammen verschnallt. Das half ihr dabei, sich zu trauen, sich etwas mehr an der Hand anzulehnen.

3. Ich habe Saga häufig zusammen mit einem anderen Pferd ins Gelände geritten, um ihr das Selbstvertrauen zu vermitteln, dass es in Ordnung ist, frei nach vorn zu laufen.

4. Auf diese Weise fiel es ihr viel leichter, das Tölten zu lernen, als beispielsweise in der Reithalle.

5. Bei allem Vorwärtsreiten muss zwischendurch auch ruhiges Stehenbleiben geübt werden – für die höfliche Saga kein Problem!

Rennpass

Der Rennpass ist die fünfte Gangart des Islandpferdes. Er wird nur auf gerader Strecke und im hohen Tempo ausgeführt und sollte nur von fortgeschrittenen Reitern, die sicher zügelunabhängig in der Balance sitzen und keine Angst vor Geschwindigkeit haben, geritten werden.

Ausgesprochen hilfreich beim Rennpassreiten ist es, wenn man bereits ausreichend Erfahrung mit dem Tölt gewonnen hat, da die Hilfengebung im Rennpass und im schnellen Tempo Tölt ähnlich sind.
Der Rennpass wird mit möglichst feinen Hilfen aus dem Galopp entwickelt, das nennt man „Legen". Das Pferd soll beim Rennpass die lateralen Beinpaare abwechselnd kraftvoll mit viel Schub aus der Hinterhand nach vorn schieben. Im Gegensatz zu den anderen Gangarten ist die Oberlinie mehr nach vorn gestreckt, um im hohen Tempo die Balance zu halten. Islandpferde können im Rennpass bis zu 50 Kilometer pro Stunde erreichen. Langsamer Pass ist nicht erwünscht! Wichtig ist, dass man immer Schutzmaterialien verwendet, wenn man Rennpass reitet, da es – falls die Pferde sich im hohen Tempo treten – schnell zu Verletzungen kommen könnte. Dies würde dem Pferd nicht nur körperlichen, sondern auch seelischen Schaden zufügen, denn es könnte Angst davor entwickeln, schnell zu laufen.
Außerdem sollte man Rennpass gut dosiert und nur auf kurzen Strecken üben.

WIE SIEHT GUTER RENNPASS AUS?

Das Pferd geht in einem hohem Tempo in klarem, sicherem Zweitakt mit deutlich sichtbarer Schwebephase energisch vorwärts. Dabei hebt es den Rücken an und streckt Hals und Kopf vorwärts. In einer korrekten Schwebephase sind zum Beispiel das

Flotter Rennpass mit Bassi auf der Passbahn

laterale Vorder- und Hinterbein der linken Seite weit nach vorn, das laterale Vorder- und Hinterbein der rechten Seite dagegen weit nach hinten gestreckt.

FUSS- UND PHASENFOLGE

Fußfolge: Im Rennpass fußt zuerst hinten links und vorne links zusammen (leicht zeitversetzt, siehe auch Phasenfolge), gefolgt von einer Flugphase, anschließend hinten rechts und vorne rechts zusammen (auch wieder leicht zeitversetzt).

Phasenfolge: Rennpass ist ein Zweitakt mit vier Phasen – allerdings kann durch die hohe Geschwindigkeit gerade im Antritt ein leichter Vierschlag entstehen. Dieser sollte aber möglichst gering ausfallen, da sonst die Flugphase leidet. Wir beginnen in unserem Beispiel mit dem lateralen Beinpaar der linken Seite: Ganz leicht zeitversetzt fußt erst hinten links und dann vorne links auf, gefolgt von einer Flugphase, anschließend landet hinten rechts kurz vor vorne rechts, anschließend folgt wieder eine Flugphase.

Rennpass-Tempi

Rennpass wird nur in hohem Tempo geritten, langsamer Pass ist nicht erwünscht.

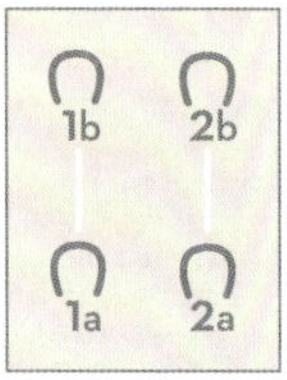

Fußfolge Rennpass

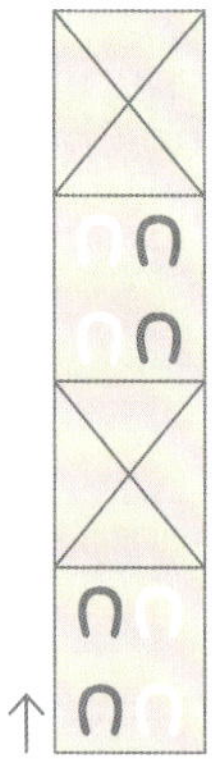

Phasenfolge Rennpass

Der Rennpass

Rennpass ist ein Zweitakt mit lateralen Zweibeinstützen, die sich in hohem Tempo leicht verschieben dürfen. Dazwischen ist eine Schwebephase.

REITERGEFÜHL

„Beim Legen aus dem Galopp in den Rennpass spüre ich schon den energischen Vorwärtszug zur Hand, ohne dass mein Pferd dabei gegen den Zügel geht. Es tritt kraftvoll und bergauf an und streckt sich dabei in meine Hand hinein. Ich sitze trotz der hohen Geschwindigkeit ruhig und merke, wie mein Pferd sich ganz gerade mit der Hinterhand druckvoll vom Boden abstößt."

DIE PHASENFOLGE IM RENNPASS

Tipp

Im Galopp vor dem Legen lasse ich mein Pferd bereits vierschlägig galoppieren, dadurch wird der Übergang vom Galopp in die laterale Gangart Rennpass leichter.

1. Laterale Zweibeinstütze vorne links und hinten links

2. Flugphase

3. Laterale Zweibeinstütze vorne rechts und hinten rechts

4. Flugphase

Vorbereitende Übungen

Auf dem Weg zum Rennpass

Je behutsamer man beginnt, ein Pferd im Rennpass auszubilden, desto einfacher ist meistens das weitere Training. Es lohnt sich also, gleich zu Beginn viel Zeit und Mühe zu investieren.

Zur Vorbereitung des Rennpasses eignen sich Galopp-Tölt-Übergänge hervorragend. Ich achte besonders darauf, dass ich die Übergänge über meinen Sitz und wenig mit dem Zügel reite. Zu viel Handeinwirkung ist nie gut für das Pferd, in diesem Fall würde sie aber auch noch zusätzlich zu einem Geschwindigkeitsverlust führen und die Streckung verhindern, die das Pferd braucht, um guten Rennpass zu gehen.

Ich lasse mir in den Übergängen am Anfang Zeit und akzeptiere auch, wenn mein Pferd erst einmal noch Geschwindigkeit verliert. Ich galoppiere im Entlastungssitz frisch vorwärts, sitze dann langsam und kontrolliert ein, und sobald das Pferd über meine Gewichtshilfe und die konstante, ruhige Zügelverbindung in den Tölt wechselt, lobe ich deutlich. So möchte ich erreichen, dass das Pferd schon beim Einsitzen fast von selbst in den Tölt wechselt. Wenn ich das geschafft habe, beginne ich den Übergang immer mehr im gleich bleibenden Tempo zu reiten und später sogar im Übergang zuzulegen – darüber nähere ich mich dem Rennpass immer mehr an.

Eine weitere wichtige Übung bei der Vorbereitung zum Rennpass ist es, das Pferd immer wieder weich zum Schritt zurückzuführen. Ich muss, wenn ich in Richtung Rennpass arbeite, viel vorwärtsreiten, um dem Pferd den nötigen Zug nach vorn zu erklären. Gleichzeitig ist es aber sehr wichtig, dass die Pferde immer ansprechbar bleiben und keinen Stress entwickeln – dafür sind die weichen Übergänge zurück zum Schritt eine gute Überprüfung für mich als Reiter. Ist das Zurückführen nicht mehr problemlos möglich oder ist der Schritt danach hektisch und angespannt, gehe ich sofort wieder einen Ausbildungsschritt zurück und arbeite erstmal wieder an der Losgelassenheit meines Pferdes, ehe ich mit der Vorbereitung zum Rennpass weitermache.

Tipp:
Ich gewöhne mir an, im Galopp klar zu unterscheiden, ob ich normalen Arbeitsgalopp (Vollsitz) oder hin zum Rennpass (Entlastungssitz) reite. Damit weiß mein Pferd bei entsprechender Übung schon vorher, was von ihm gefragt ist, und wird mit steigender Erfahrung die Art zu galoppieren anpassen. Am liebsten ist uns für das Legen in den Rennpass etwas gelaufener, vierschlägiger Galopp, da das Legen daraus am einfachsten ist.

> **Tipp**
> Ich beginne das Rennpassreiten immer beim Ausreiten und gehe erst dann auf die Ovalbahn, wenn mein Pferd eine Grundidee von der Gangart Rennpass entwickelt hat.

RENNPASS REITEN

Wenn ich beginne, den Rennpass wirklich zu reiten, mache ich das am liebsten im Gelände auf einer sehr langen geraden Strecke. Der Vorteil ist, dass ich situationsgerecht entscheide, wie lange ich den Rennpass vorwärtsreite. Habe ich zum Beispiel ein Pferd, das am Anfang der Rennpassausbildung noch unsicher ist, sich noch nicht richtig traut, sich zu strecken, und deswegen Balancefehler macht, dann kann ich im Gelände so lange vorwärtsreiten, bis das Pferd sein Gleichgewicht findet und ein paar gute Schritte macht. Diese belohne ich dann sofort mit dem Durchparieren. So kann das Pferd schnell verstehen, wann es die Aufgabe richtig erfüllt.

Beginne ich mit dem gleichen Pferd auf der Ovalbahn mit dem Rennpassreiten, muss ich es immer am Ende der langen Seite zurücknehmen, da ich den Rennpass nur auf gerader Strecke reiten kann (die Gefahr ist sonst viel zu groß, dass das Pferd sich in der Kurve treten würde). Daraus ergibt sich aber automatisch, dass ich in dem Moment zurückführe, wo ein Fehler passiert. Das Pferd verknüpft also seine Balanceprobleme mit Zurückführen und wird so nur schwer verstehen, dass es sich hier eigentlich über das Vorwärts hätte ausbalancieren sollen.

Wichtig ist, dass ich mir eine gute Grundsituation schaffe, um Rennpass zu üben. Auf keinen Fall tue ich das, wenn mein Pferd bereits müde ist. Ich gehe auch nicht jedes Mal an die oberste Tempogrenze, mein Pferd soll ja Selbstvertrauen bekommen und das Gefühl, dass die Gangart Rennpass machbar ist und Spaß bringt.

Tempo ausbauen

Wenn ich das Tempo im Rennpass ausbauen möchte, so kann man sich das vorstellen wie eine Treppe: Nach dem sicheren Legen steigere ich langsam die Geschwindigkeit im Rennpass, bis ich merke, dass mein Pferd unsicher wird – in diesem Moment bleibe ich in der Geschwindigkeit, bis mein Pferd die Balance wiedergefunden hat und sicher weiter im Rennpass liegt. Erst dann erhöhe ich das Tempo, aber nur bis zur nächsten Störung des Gleichgewichts, und so weiter …

Ich bleibe also immer so lange auf einer Geschwindigkeitsstufe, bis mein Pferd wieder sicher im Gleichgewicht ist, und erhöhe dann oder pariere mit einem Erfolgserlebnis durch. Niemals möchte ich meinem Pferd vermitteln, dass es gestraft wird, wenn ein Fehler passiert – damit zerstöre ich jegliches Vertrauen in den Reiter in der hohen Geschwindigkeit.

TAKTFEHLER IM RENNPASS

Den lateralen Zweitakt des Rennpasses kann das Pferd in Richtung unterschiedlicher Gangarten verlieren. Beim Fehler in Richtung Tölt wird die laterale Zweibeinstütze gebrochen und die Flugphase geht verloren. Beim Fehler in den Galopp verliert das Pferd die positive Körperspannung und verschiebt in eine der bei-

den Galopprichtungen. Je stärker der Fehler ausfällt, desto wahrscheinlicher galoppiert das Pferd dann auch und verlässt die Gangart Rennpass.

Tribulieren oder Wechseln

Außerdem gibt es im Pass den sehr häufigen Fehler, dass das Pferd zu viel negative Spannung im Rücken bekommt und in den Kreuzgalopp springt. Das ist das sogenannte Tribulieren oder Wechseln. Hierbei kommt die laterale Zweibeinstütze erst komplett gleichzeitig und dann das Vorderbein sogar vor dem Hinterbein. Um sich nicht selbst in die Beine zu treten, „wechselt“ das Pferd in den Kreuzgalopp.
Ursachen können zum Beispiel ein zu hoch gewähltes, noch nicht zum Pferd passendes Tempo oder Kraftmangel sein.

DREI-, VIER- ODER FÜNFGÄNGER?

Islandpferde haben unterschiedliche Gangveranlagungen – das bedingt auch, wie der weitere Ausbildungsweg aussieht.

Gangpferdetypen beim Islandpferd

Islandpferde werden mit ganz unterschiedlichen Gangveranlagungen geboren. Es ist genetisch fixiert, wie viel Tölt- und Rennpassveranlagung das Pferd hat und wie die Grundgangarten ausgeprägt sind. Auch das macht die Arbeit mit den Islandpferden so interessant.

Islandpferde unterscheiden sich in ihrer ganz individuellen Gangveranlagung.

Innerhalb der Rasse gibt es sehr viele unterschiedliche Gangverteilungstypen. Es gibt Islandpferde, die ohne natürliche Töltveranlagung auf die Welt kommen, sogenannte Dreigänger. Aufgrund der sich stetig verbessernden Zucht werden diese aber immer weniger.

Kommt zu den Grundgangarten dann der Tölt dazu, spricht man von einem Viergänger. Diese unterscheiden sich in der Ausprägung der Töltveranlagung. Es gibt Viergänger, die das Tölten erst über das Zusammenwirken der Hilfen erlernen müssen, und solche, die von Anfang an von sich aus tölten, sogenannte Naturtölter. Kommt dann noch die Fähigkeit für die Gangart Rennpass hinzu, spricht man von einem Fünfgänger, also einem Pferd, das sowohl die Grundgangarten Schritt, Trab und Galopp als auch die Spezialgangarten Tölt und Rennpass beherrscht.

Es gibt Fünfgänger, die eine ganz gleichmäßige Gangverteilung haben und alle Gangarten gut beherrschen, und es gibt Pferde, die auf die Gangart Rennpass spezialisiert und darin besonders talentiert sind. Wird die laterale Veranlagung immer stärker, so kann es passieren, dass die Pferde über so viel Pass verfügen, dass Tölt und die Grundgangarten darunter leiden

und im Extremfall verschwinden. Auch diese Pferde, die sogenannten Passgänger, gibt es aufgrund der sich stetig verbessernden Zucht heute immer weniger.
Die Übergänge sind fließend und die Gangarten beeinflussen sich wechselseitig. So tendiert zum Beispiel ein Pferd, das eher in Richtung Trab veranlagt ist, meistens auch im Tölt vermehrt zum Fehler in den Trab (also zum trabigen Tölt). Je nach Exterieur und Charakter des Pferdes kann man im Laufe der Ausbildung trotz der genetischen Grundlagen viel positiv verändern.
Die Aufgabe des Trainers ist es, ein Pferd entsprechend seiner natürlichen Veranlagung sinnvoll und aufeinander aufbauend auszubilden. Oft merkt man erst nach Jahren, wie weit die Reise mit guter Ausbildung am Ende doch gehen kann.

Individuell fördern

Ein guter Trainer fördert jedes Pferd nach seinen Möglichkeiten.

WELCHER PFERDETYP PASST ZU MIR?

Was ist entscheidend dafür, ob Pferd und Reiter auf Dauer glücklich miteinander sind? Die Anforderungen, die der Reiter langfristig an sein Pferd hat, müssen zur natürlichen Veranlagung des Pferdes passen, auch wenn prinzipiell natürlich jedes Pferd gymnastizierend geritten werden und gewisse dressurmäßige Grundlagen lernen muss.
Für jeden von uns gibt es das „richtige“ Islandpferd, das unsere individuellen Ansprüche und Wünsche erfüllen kann, aber es ist elementar wichtig, dass man schon bei der Pferdewahl gewisse Regeln beachtet. Nur dann werden beide glücklich miteinander – und wenn der Reiter glücklich ist, wird es viel wahrscheinlicher auch seinem Pferd mit ihm gut gehen (und andersherum).

Veranschaulichung der unterschiedlichen Gangveranlagungen

FLIESSENDE ÜBERGÄNGE ZWISCHEN DEN TYPEN

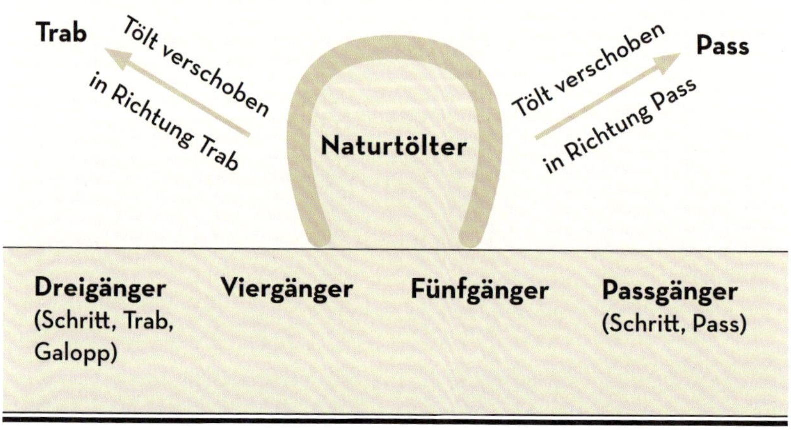

»Je besser Pferd und
Mensch zusammenpassen,
desto leichter wird die
langfristige Partnerschaft –
genau wie im echten
Leben!«

PFERDEKAUF

Annoncen von Verkaufspferden sind heute deutlich aussagekräftiger als früher. Außer vielen Fotos und einem beschreibenden Text helfen Videos dabei, sich ein genaueres Bild des Pferdes zu machen. Dennoch handelt es sich immer nur um eine kurze Momentaufnahme.

Ich muss mir darüber im Klaren sein, dass ich eine sehr genaue Vorstellung davon haben sollte, was ich suche und nach welchen Dingen ich den Verkäufer frage. Nicht zuletzt muss es mir bewusst sein, dass ich mit dem Kauf eine enorme Verantwortung übernehme, auch dem Pferd gegenüber. Es ist wichtig, dass man sich schon vor dem Pferdekauf gut überlegt, was man mit seinem zukünftigen Pferd vor hat: Was ist mir wichtig, woran habe ich als Reiter Spaß, was möchte ich nicht machen, welchen hauptsächlichen Verwendungszweck soll das Pferd haben …? Je passender ich das Pferd aussuche, desto zufriedener sind wir beide später und desto weniger Aufwand (zeitlich und finanziell) bedeutet es, eine in Wahrheit nicht passende Konstellation „irgendwie" doch noch passend zu machen.

Es ist wichtig, sich bereits vor dem Pferdekauf über die eigenen Erwartungen im Klaren zu sein.

Ein Beispiel: Ich suche ein Pferd, um „einfach nur schön durchs Gelände zu reiten". Dann ist der temperamentvolle, trabige Viergänger nicht der Richtige für mich. Ihn muss man ausreichend gymnastizieren und mit Dressurarbeit geschmeidig halten, damit er seine Oberlinie korrekt einsetzen und den Reiter gut tragen kann. Das bedeutet viel reiterliche Arbeit. Deutlich besser passt dagegen ein Pferd, das vom Temperament her vielleicht etwas fauler ist, aber mehr natürlichen Tölt hat, und das nicht so gern in der Bahn arbeitet. Wenn ein solches Pferd – optimalerweise begünstigt von einem korrekten Gebäude, das man nie außer Acht lassen sollte – von Natur aus eine schöne Oberlinie und eine freie Haltung mitbringt und damit den Reiter auch ohne viel unterstützende Arbeit immer gut tragen kann, kommt das meinen Wünschen und Vorstellungen von unserer gemeinsam verbrachten Zeit deutlich näher.

Man kann viel späteren Stress vermeiden, wenn man sich diese Gedanken über Exterieur, Gangverteilung und Temperament vorher macht und sich mit seinem Reitlehrer oder anderen, eventuell erfahreneren Reitern, bespricht.

Gerade beim Charakter des Pferdes ist es wichtig, auch als Reiter ehrlich zu sich selbst zu sein: Mit wie viel Vorwärtsdrang komme ich klar, wie gelassen, brav oder reaktiv sollte das Pferd sein? Für manche Verwendungszwecke ist es gar nicht verkehrt, wenn die Pferde nicht auf alles und jedes zu fein reagieren – gerade als Kinderpferd, als Freizeitpferd oder für ängstliche Reiter. Soll es ein Sportpferd für ein höheres Level sein, verhält sich das anders, denn diese Pferde müssen auf jede Feinheit der reiterlichen Hilfengebung ansprechen. Es gibt beim Charakter der Pferde so viele verschiedene Ausprägungen, ich sollte als Kaufinteressent maximal aufmerksam sein.

Auch in Sachen Gangqualität bin ich gut beraten, bei aller Freude über den anstehenden Pferdekauf Anflüge von Euphorie zu vermeiden, sorgfältig hinzuschauen und realistisch zu bleiben.

DAS RICHTIGE PFERD

Nicht selten wird bei der Pferdewahl zu wenig genau hingeschaut. Dann wird mit viel Beritt und Unterricht daran gebastelt, dass es „einigermaßen geht". Das sollte aber nicht unser Ziel sein, sondern es ist deutlich besser, man investiert etwas mehr in den Vorabaufwand, das richtige Pferd zu finden, das zu einem passt. Und zwar nicht nur Geld, sondern auch eigene Aufmerksamkeit, die Expertise sachkundiger Trainer und Geduld. So vermeidet man viel Unzufriedenheit.

Tipp

Ein „zweites Paar Augen" ist beim Pferdekauf wichtig. Das gilt nicht nur für Anfänger oder Nicht-Profis, sondern für alle Reiter.

Mit Kjalar und Byr verbindet mich seit Jahren eine enge Beziehung.

VERTRAUENSSACHE

Ob privat oder von einem gewerblichen Händler: Pferdekauf ist Vertrauenssache. Ebenso ratsam ist es, dass man sich von jemandem begleiten lässt, dem man vertraut und der einen gut kennt. Gerade wenn man vielleicht nicht so erfahren oder geübt ist, kann der eigene Trainer durch seine Einschätzung dabei helfen, das passende Pferd zu finden, ein Pferd, mit dem man sich gut weiterentwickeln kann und das das Lernen verhältnismäßig leicht machen wird. Ebenso kann der Trainer aber auch die Ablehnung eines weniger gut passenden Vierbeiners begründen …

Ich muss mir selbstkritisch überlegen, ob die Möglichkeiten des Pferdes zu meinen Zielen und Wünschen passen. Gangqualität und Interieur sind dabei untrennbar verbunden, denn mir hilft die beste Rennpass-Veranlagung nichts, wenn das Pferd nicht ausreichend viel Vorwärtsdrang mitbringt.

Es geht aber natürlich nicht nur um eine Fehlersuche, sondern wir sollten durch ehrliche Betrachtung vielmehr die Punkte zu identifizieren lernen, die uns als Reiter das Leben leichter machen. Wir haben mit dem Islandpferd eine Rasse, die nicht nur grundsätzlich so viel Positives mitbringt, sondern bei der wir mit guter Ausbildung viel erreichen können. Selbst wenn also am Anfang nicht alles perfekt funktioniert, kann man über den Weg einer kontinuierlichen Ausbildung den Pferden (und ihren Reitern) vieles beibringen, das sie vielleicht von Natur aus nicht auf Anhieb angeboten haben.

Trotzdem bleibe ich bei meinem Rat: Es ist immer der bessere Ansatz, wenn Reiter und Pferd von Anfang an so gut wie möglich zueinanderpassen. Dieses Ziel ist auch eine längere Suche wert. Immerhin sind die allermeisten Reiter keine Profis, und da müssen die Pferde – pragmatisch formuliert – in den Alltag integriert werden und „Projekte" sein, die man neben Familie, Beruf & Co. mit Freude bewältigen kann.

Prinzipiell ist es, egal ob beim Pferdekauf oder in grundsätzlichen Fragen der Ausbildung, immer sehr ratsam, jemanden an seiner Seite zu haben, der das Ganze auch vom Boden sieht (und nicht nur aus dem Sattel). Denn

selbst wenn man als Profi sehr viel erfühlen kann und bestimmt auch mehr Erfahrung mit der Einschätzung von unterschiedlichen Pferdetypen hat, ist der zweite Blick „von unten“ nicht zu ersetzen. Auch wenn ich selbst ein Pferd ausprobiere, versuche ich immer mindestens ein Video davon zu bekommen, wie ich es reite. Noch lieber aber habe ich jemanden dabei, dem ich vertraue und mit dem ich mich in Ruhe austauschen kann.
Im Endeffekt entscheidet dann mein Gefühl, denn das ist es, was mich auch sonst an 365 Tagen im Jahr begleitet.

»Profi oder nicht, wir alle können ehrliche Ratgeber gut gebrauchen.«

DAS TRAINING DES ISLAND-PFERDES

Grundlagen der Ausbildung

Trotz der Spezialgangarten ist das Islandpferd ein Pferd wie jedes andere auch. Das heißt, es gelten grundsätzlich die gleichen dressurmäßigen Ausbildungsrichtlinien wie für Nicht-Gangpferde. Die zusätzlichen Gangarten bringen aber sowohl spezifische Herausforderungen als auch Möglichkeiten mit sich.

Reiten, ob in der Freizeit oder im Turniersport, setzt ein hohes Maß an Bereitschaft zur Ausbildung voraus. Das betrifft sowohl das Pferd wie auch den Reiter. Es bedarf einer sehr individuellen und sensiblen Beschäftigung mit dem Lebewesen Pferd, damit gute und pferdegerechte Ausbildung gelingen kann, die immer darauf abzielt, ein besseres Verständnis zwischen Pferd und Mensch zu ermöglichen.
Gute Ausbildung bedeutet, das Pferd zu fördern, es nicht zu überfordern, aber auch nicht zu unterfordern. Es ist das oberste Ziel, dass sich Reiter und Pferd besser verstehen und im Laufe der Jahre immer enger zusammenwachsen. Es soll nicht darum gehen, schnell und kurzfristig Ergebnisse zu erzielen, sondern um eine Basis, auf der man über viele Jahre hinweg eine Gemeinschaft bilden kann.

TRAINER SEIN

Wenn ich ein Pferd zum Reitpferd mache, habe ich als Trainer eine große Verantwortung. Ich entscheide ab dem Zeitpunkt des Einreitens über seine Zukunft. Das Allerbeste, was ich tun kann, ist, dass ich dieses Pferd sorgfältig ausbilde und ihm sowohl vom Boden als auch beim Reiten Manieren und ein positives Verhalten dem Menschen gegenüber beibringe – indem ich ihm alles erkläre, damit es mich richtig versteht und die Aufgaben dann auch mit Freude erfüllt. So ein Pferd wird immer eine gute Zukunft haben, da es seinen Menschen finden wird, der fair mit ihm umgeht, weil es so viel Freude zu geben imstande ist.
Ebenso habe ich als Trainer die Verantwortung, den mir anvertrauten Reitern neben aller sportlicher Technik das mit auf den Weg zu geben, was

Pferde sind unglaubliche Tiere und werden, wenn wir in der richtigen Art und Weise danach fragen, immer ein Vielfaches zurückgeben.

sie brauchen, um ihr Pferd gut zu behandeln. Man muss sich bewusst sein, dass es eben nicht nur eine Dienstleistung ist, die man anbietet, sondern dass man als Trainer bei aller grundsätzlicher Freude und dem Spaß am Reiten mitverantwortlich ist dafür, wie das Leben des Pferdes aussehen wird. Genau dieses Bewusstsein für die individuellen Bedürfnisse unserer Pferde, diese Aufmerksamkeit der Trainer und derer, die sie unterrichten – das wünsche ich mir!

Ein sehr wichtiger Gedanke, wenn ich beginne, ein junges Pferd auszubilden, ist, dass ich mich bewusst dazu entschieden habe, das Pferd zu zähmen. Ein Pferd ist nicht von Natur aus als Reitpferd geboren, auch wenn es bei richtiger Herangehensweise hervorragend dafür geeignet ist. Was ist also die Konsequenz dieser weitreichenden Entscheidung? Ich muss dem Pferd erklären, was ich von ihm möchte. Ich muss eine Sprache finden, die das Pferd versteht, und ich muss lernen, das Pferd zu lesen. Ab dem Zeitpunkt, wenn ich auf seinem Rücken sitze, ist es meine Aufgabe, dem Pferd zu erklären, was von ihm verlangt wird, wie es die Aufgaben bewältigen kann, die wir ihm stellen, und wie es mich so tragen kann, dass es dabei gesund bleibt.

Ich tue keinem Pferd einen Gefallen, wenn ich es immer nur „in Ruhe lasse" – davon wird es nicht lernen, mich korrekt zu tragen. Pferde haben ein hervorragendes Körpergefühl. Den größten Gefallen erweise ich ihnen, wenn ich sie vom ersten Tag ihrer Ausbildung an konsequent, zuverlässig und ruhig führe. So können sie verstehen, was ich von ihnen möchte.

Mein Ausbildungssystem

Pferdegerechte Ausbildung

Es gibt nicht die eine, richtige Reitweise. Entscheidend ist, mit dem Pferd so zu kommunizieren, es so zu reiten, dass es langfristig gesund bleiben kann und Freude an der Arbeit hat.

Ich habe über die jahrelange intensive Beschäftigung mit den Pferden mein eigenes Ausbildungssystem erarbeitet, das sich in sehr vielen Bereichen klar an der klassischen „deutschen" Grundausbildung orientiert. Ich bilde mich auch weiterhin stetig fort, um meine Kommunikation mit meinen Pferden immer weiter zu verfeinern – erhebe aber auf gar keinen Fall den Anspruch, dass nur mein Weg richtig ist.
Meiner Meinung nach tun sich weniger erfahrene Reiter am leichtesten, wenn sie sich zunächst an einem bestehenden, funktionierenden System orientieren können. Erst danach ist es möglich und sinnvoll, anhand einer sicheren Basis selbst zu experimentieren. Oft beobachtet man, dass unsichere Reiter zwischen Trainern und Systemen hin und her wechseln und dabei sich selbst und das Pferd immer mehr verwirren. In diesem Fall empfehle ich immer, sich für eine Herangehensweise zu entscheiden, diese erst einmal weiterzuführen und langfristig zu schauen, ob das System zu Reiter und Pferd passt. Reiter, die viel Erfahrung haben, sind oft weniger störanfällig. Sie stellen nicht mehr das komplette System in Frage, wenn mal etwas nicht funktioniert, und sind in der Lage, Misserfolge differenzierter zu betrachten.
Der Weg ist das Ziel: Die Ausbildung soll pferdegerecht und mit möglichst sanften Hilfen erfolgen. Hierfür stehen unsere Chancen umso besser, je weniger falsche Dinge das Pferd in seiner Laufbahn schon gelernt hat. Auch deswegen lege ich viel Wert darauf, meine Pferde von Beginn an selbst zu reiten. Das Ziel sollte immer ein in seinem Körper biomechanisch korrekt funktionierendes Pferd sein, das die gestellten Aufgaben mit Freude und Leichtigkeit erfüllen kann. Einen guten Pferdemenschen zeichnet aus, dass er fähig ist, selbstkritisch seinen Weg und seine Ziele zu hinterfragen. Er sollte in der Lage sein, seine neuesten Erkenntnisse einzubeziehen, sich seine Fehler eingestehen und immer zum Wohl des Pferdes denken. Deswegen ist es wichtig, dass man als Ausbilder ein klares, eigenes Ausbildungssystem hat – von diesem aus kann man sich in alle Richtungen fortbilden. Fast jede Reitweise hat Inhalte mit großartigem Wert, und über je mehr Wissen man verfügt, desto besser kann man in unterschiedlichen Situationen oder mit unterschiedlichen Pferden seine eigene Art zu reiten hinterfragen und nach alternativen Problemlösungen suchen – und dabei immer wieder auf die eigene Basis, die das Pferd gut versteht, zurückgreifen.

DIE HILFEN

Wenn ich Pferde ausbilde, ist es mein klares Ziel, dass sie auf feine Hilfen reagieren: Je besser mein Pferd auf meine Hilfen reagiert, desto weniger Kraft brauche ich und kann umso entspannter und lockerer sitzen – und umso mehr Freude haben wir beide auch daran.
Pferde denken nur in der Gegenwart – sie können keine komplexen Schlussfolgerungen ziehen und verstehen nur direkte, logische Zusammenhänge. Je einfacher mein System ist, mit dem Pferd zu kommunizieren, desto leichter wird es begreifen, was ich von ihm möchte. Ich gehe deswegen von einer möglichst einfachen Grundlage aus: Gebe ich eine Hilfe, möchte ich, dass mein Pferd etwas verändert. Bin ich zufrieden, wirke ich nicht ein. Denkt man daran, wie empfindlich ein Pferd schon auf eine Fliege reagiert, die sich irgendwo auf seinen Körper setzt, kann man sich vorstellen, dass es für das Pferd angenehmer ist, wenn der Reiter nicht einwirkt.
In der Praxis ist dafür erforderlich, dass der Mensch zunächst lernt, gut zu sitzen, denn der Sitz ist die Verbindung mit dem Pferd. Ich lege bei mir und meinen Reitschülern sehr viel Wert auf einen ruhigen, zügelunabhängigen Sitz, das ist die Grundlage jeglicher Kommunikation mit dem Pferd. Es macht keinen Sinn, später immer wieder Fehler korrigieren zu müssen, die dadurch entstehen, dass der Mensch nicht richtig in der Bewegung sitzt oder seinen eigenen Körper nicht im Griff hat. Wenn ich aus meinen eigenen Balanceproblemen heraus unbeabsichtigte Hilfen gebe, so hat das Pferd keine Möglichkeit, eine feine Hilfengebung zu verstehen. Im Gegenteil: Es muss lernen, stumpf zu werden, um nicht auf die versehentlich teils widersprüchlichen und zu viel auf einmal gegebenen Hilfen des Reiters zu reagieren. Ein Pferd kann nicht unterscheiden, welche Hilfen der Reiter bewusst gibt und welche nicht – und es ist auch nicht seine Aufgabe, sondern die des Reiters.

Die richtige Einwirkung

Eine funktionierende Kommunikation zwischen Pferd und Mensch ist wichtig.
In meiner Arbeit als Reitlehrerin begegne ich häufig einem weit verbreiteten Problem: Besonders die etwas weniger erfahrenen Reiter denken, dass es für das Pferd „netter" ist, wenn sie in Sachen Einwirkung und Hilfengebung möglichst wenig oder vielleicht sogar nichts tun. Sie wollen ihr Pferd mit ihren Hilfen „nicht stören", ihm nicht wehtun oder es zumindest nicht überlasten. Ganz klar ist aber zugleich die Erkenntnis, dass es für das Pferd überhaupt nicht „freundlicher" ist, wenn man ihm keine Anweisungen gibt bzw. wenn man es an Klarheit fehlen lässt.
Wir sollten immer verstehen, dass wir in der Verantwortung sind, unseren Pferden zu erklären, was sie machen sollen, denn in ihrer natürlichen Umgebung müssen sie sich niemals damit beschäftigen, einen Reiter zu tragen.
Ganz elementar ist: Jedes Mal, wenn ich eine Hilfe gebe, darauf eine falsche Reaktion bekomme und dann wieder mit der Hilfe aufhöre, denkt das Pferd, es hätte meine Aufgabe richtig gelöst. Je mehr ich also gerade am Anfang der Ausbildung versuche, überaus vorsichtig zu sein und möglichst nichts zu machen, desto mehr erziehe ich das Pferd in die falsche Richtung. Wenn ich z. B. den Zügel annehme und das Pferd geht dagegen oder reagiert gar nicht und ich lasse gleich wieder los, weil ich nichts falsch machen will, dann lernt das Pferd systematisch, auf den Zügel gegen die Hand zu gehen.
Konsequente Führung, von Anfang an in jeder Trainingseinheit eine klare Systematik zu schaffen, an der sich das Pferd orientieren und mit der es sich sicher fühlen kann, ist daher der beste und fairste Weg. Ein Pferd, das gut ausgebildet und seinen Anforderungen körperlich und seelisch gewachsen ist, wird beim Reiten zufrieden sein.

Zuhören, klar sein, an sich arbeiten

Ein weiterer wichtiger Punkt ist, dass der Reiter sich selbst als handlungsfähig betrachtet und den Fehler immer bei sich selbst sucht. Die Pferde machen das, was wir ihnen als Reiter vermitteln, bewusst oder unbewusst – wenn etwas nicht funktioniert, dann kann niemand anderes etwas dafür als man selbst. Das bringt zwar viel Verantwortung mit sich, gleichzeitig aber auch die großartige Perspektive, dass man in der Lage ist, das Verhalten seines Pferdes zu verändern, wenn man nicht aufgibt und an sich arbeitet. Und das sind wir unseren Pferden, die jeden Tag so viel für uns zu geben bereit sind, schuldig.

Je besser man sich mit seinem Pferd versteht, desto mehr Türen öffnen sich im Laufe der Ausbildung.

HILFEN

Hilfen sind Möglichkeiten der Kommunikation mit dem Pferd, die ihm helfen sollen, seinen Körper richtig zu benutzen. Es gibt:

1. Zügelhilfen
2. Schenkelhilfen
3. Gewichtshilfen
4. Unterstützende Hilfen wie Stimme oder Gerte, die aber die drei Haupthilfen nicht ersetzen können und sollten.

Außerdem muss ich auch selbst aufmerksam zuhören und meine eigenen Anforderungen anpassen, wenn ich merke: Das Pferd kann es noch nicht verstehen, was ich von ihm möchte. Wir versuchen natürlich, zügig voranzukommen in der Ausbildung, aber das Pferd gibt das Tempo vor! Ich habe meine Ideen und Ziele, wenn ich ein Pferd ausbilde, aber ich orientiere mich stets daran, was ich vorfinde und was sich in welchem Tempo tatsächlich umsetzen und weiterentwickeln lässt – seitens Veranlagung, Talent und Verständnis und auch der seelischen Reife, die das Pferd in dem Moment hat. Um jedem Pferd so gerecht werden zu können, dass es sich nach seinen Fähigkeiten und Möglichkeiten entwickelt, braucht es nicht selten Zeit und Geduld.

DIE SKALA DER AUSBILDUNG

Mit der Skala der Ausbildung haben sich viele Reiter und Trainer beschäftigt. Auch bei Islandpferden kommt diese Skala zur Anwendung. Wir orientieren uns an ihren Elementen, weil diese allgemein gültig sind und für alle Pferderassen Bedeutung haben. Ziel ist es, im Laufe der Ausbildung die Durchlässigkeit und Balance immer weiter zu erhöhen, sodass das Pferd die Möglichkeit hat, den Reiter korrekt und gesund zu tragen, und zwar über die sechs Punkte der Ausbildungsskala: Takt, Losgelassenheit, Anlehnung, Schwung, Geraderichtung, Versammlung.
Anders als dem Nicht-Gangpferd fällt es dem Islandpferd – je nach Veranlagung – teilweise schwerer, einen oder mehrere Gänge von Anfang an taktklar zu gehen, sodass dafür erst andere Punkte der Ausbildungsskala ansatzweise erreicht werden müssen. Das saubere Trennen der Gänge ist oft eine größere Herausforderung als beim Nicht-Gangpferd, es kommt durch die vier oder fünf Gänge leichter zu Verschiebungen zwischen den Gangarten als beim Dreigänger.
Manche Pferde müssen also zunächst über die Losgelassenheit oder über die Anlehnung lernen, taktklar zu gehen. Gerade Pferde mit viel Töltveranlagung traben oft am Anfang eher unsicher, tölten aber auch noch nicht gut genug, als dass man eine der beiden Gangarten taktklar reiten könnte. Beispielsweise kann sich das Pferd im Tölt in Richtung Trab, Pass oder Galopp verschieben, im Trab in den Tölt oder den Galopp und im Galopp in Richtung Tölt, Pass oder Trab.
Wir haben die Skala also grundsätzlich als Orientierung und immer als Ziel, aber manchmal greifen die unterschiedlichen Punkte bei einem Gangpferd etwas mehr ineinander als bei einem Nicht-Gangpferd. Trotzdem wollen wir alle Elemente erreichen und dafür eine korrekte Basis schaffen, also erst die Punkte der Gewöhnungsphase erarbeitet haben, bevor wir in die Entwicklung der Schubkraft und später der Tragkraft einsteigen.
Wenn man dieses Bekenntnis und Verständnis seiner Arbeit zugrunde legt, kann man auch verstärkt Dressurlektionen einbauen, wobei sehr wichtig ist, dass wir die Lektionen nicht zum Selbstzweck reiten. Beim Islandpferdereiten mache ich mir die Lektionen zunutze, um das Pferd besser zu gymnastizieren und geschmeidig zu bekommen

Die Skala der Ausbildung (nach FN)

Gutes Aufwärmen wirkt einer Vielzahl vermeidbarer Verletzungen entgegen.

DEFINITIONEN

Takt: Takt ist das räumliche und zeitliche Gleichmaß der Bewegungen in allen Schritten, Tritten und Sprüngen.

Losgelassenheit: Losgelassenheit ist das aktive, lockere An- und Abspannen der Muskulatur bei entspannter Psyche.

Anlehnung: Anlehnung ist die konstante und weiche Verbindung zwischen Reiterhand und Pferdemaul.

Schwung: Schwung ist die Übertragung der Impulse des energisch federnden Auf- und Abfußens der Hinterhand über den deutlich mitschwingenden Rücken auf die Vorwärtsbewegung des Pferdes bei Verlängerung der Schwebephase.

Geraderichten: Geraderichten bedeutet, dass sich Vorhand und Hinterhand eines Pferdes sowohl auf gebogenen als auch auf geraden Linien auf einer Spur bewegen.

Versammlung: Versammlung bedeutet, dass das Pferd mit hoher Konzentration durch eine verstärkte Winkelung der Hinterhand mit dieser vermehrt Last aufnimmt und seinen Schwerpunkt nach hinten verlagert. Dadurch kann die Vorhand sich freier und erhabener bewegen und das Pferd richtet sich mehr auf.

Wahre Partner können die Zeit, die sie miteinander verbringen, genießen.

und darüber die Punkte der Ausbildungsskala zu fördern. Wir bilden Islandpferde also durchaus dressurmäßig aus, aber nicht vorrangig mit dem Ziel, die Lektionen zu reiten – unabhängig von einer späteren Möglichkeit, im Turniersport an Dressur- und Gehorsamsprüfungen teilzunehmen. Wer das möchte, findet sicher ein Pferd, das Talent dafür hat, schwierigere Lektionen zu erlernen. Prinzipiell geht es aber darum, über diese Arbeit die Balance des Pferdes zu fördern. Und genau diese ist in der Ausbildung immer wichtig – körperlich und seelisch.

Auch mit einem Islandpferd gliedert sich jede Trainingseinheit in drei Phasen: die Lösungsphase, die Arbeitsphase, die Beruhigungsphase. Lösungs- und Beruhigungsphase sind bei unterschiedlichen Pferden oft ähnlich, in der Arbeitsphase werden die konkreten Ziele für den momentanen individuellen Ausbildungsstand von Pferd und Reiter verfolgt.

Die Lösungsphase wärmt das Pferd auf und bereitet es auf die anstehenden Aufgaben vor. Wir beginnen also mit lockerer Arbeit, um die Pferde entspannt in das Training starten zu lassen. Denn egal ob Training oder Wettkampf, ich sollte dasselbe beherzigen, was auch für uns gilt, wenn wir Sport treiben: Gutes Aufwärmen ist enorm wichtig! Dabei steht an erster Stelle das Schrittreiten (nicht unter 15 Minuten). Es dient dem Aufwärmen des Herz-Kreislauf-Systems und des Bewegungsapparats, die Gelenkflüssigkeit wird angeregt, die Sehnen und Bänder werden warm und geschmeidig.

Dann folgt die Arbeitsphase. Hier wird intensiv an den unterschiedlichen Aufgabenstellungen gearbeitet, immer wieder durchzogen von Pausen, bevor das Pferd nach einem Erfolgserlebnis abschließend in die Beruhigungsphase entlassen wird. Es ist wichtig, die Arbeitsphase so zu gestalten, dass man innerhalb einer für das Pferd passenden Zeitspanne zu einem Erfolgserlebnis kommt und so einen positiven Abschluss für Pferd und Reiter finden kann.

Nach dem Training trabe ich locker und lasse die Zügel aus der Hand kauen, so kann das Pferd die Muskulatur entspannen und ich kann überprüfen, ob es sich auch mental entspannt – ein Zeichen dafür, dass ich es gerecht und klar erklärend gearbeitet habe. Zum Schluss sollte sich das Pferd so lange noch im Schritt bewegen, bis es in Ruhe ausgeschnauft hat und sich Puls und Atmung erkennbar beruhigt haben.

Abwechslungsreich trainieren

Ich baue viel Abwechslung in meinen Trainingsalltag ein. Das ist mir sehr wichtig. Egal welches Pferd – ich gehe zum Beispiel mit allen ausreiten. Losgelöst von Reithalle und Viereck, Oval- oder Passbahn ist das ein wertvolles Training, das gleichzeitig der Entspannung als auch der Lauffreude dient.

Im Gelände werden die Pferde genauso aufmerksam und konsequent gearbeitet wie in der Bahn.

Tipp

Pferde, die schlecht traben oder galoppieren, finden über Bergaufreiten oft leichter ihre Balance. Leicht Bergabreiten kann vielen Pferden helfen, den Takt im Tölt zu verbessern.

AUSREITEN

Alles das, was in den anderen Bahnen erarbeitet wird, kann man auch im Gelände anwenden. Für die Pferde ist es eine willkommene Abwechslung, weil sie durch die größere Freiheit und den weiteren Blick oft mehr Freude am Vorwärtslaufen behalten, als wenn man immer nur auf klar begrenzten Flächen trainiert. Entspanntes Reiten am langen Zügel durch die Natur tut sowohl der Seele des Pferdes als auch der des Menschen gut.

1

2

3

1 Ich baue die gleichen Übungen, die ich sonst auch benutze, in mein Ausreiten ein.

2 Es eignen sich z. B. Übergänge oder Seitengänge.

3 In dieser Bildfolge übe ich Schenkelweichen von einem Wegrand zum anderen.

Beim Gangreiten ist es außerdem sehr hilfreich, die Natur und ihre Gegebenheiten zu nutzen. Bei mir zu Hause in Bayern habe ich das Glück, dass es etwas bergiger ist. In anderen Gegenden hat man dafür vielleicht die Möglichkeit, einen See oder das Meer ins Training einzubeziehen. Es lohnt sich, sein Gelände gut zu kennen und alles auszunutzen, was man zur Verfügung hat. Ich setze also die naturgegebenen Anstiege und Gefälle im Gelände sinnvoll ein: Über das Bergaufreiten trai-

niere ich Kraft und Kondition, es ist außerdem zur Verbesserung der Gänge ein hervorragendes Hilfsmittel. Was ich in der Steigung trainiert habe, kann ich dann auch in der Ebene umsetzen. Ausreiten fördert zudem die Trittsicherheit.
Manche Dinge, die ich sonst erarbeiten muss, bekomme ich im Gelände „geschenkt" – zum Beispiel wird der Trab auf einem federnden Grasboden schwungvoller, der Tölt lockerer. Natürlich gehört es dazu, diese Dinge überall zu erarbeiten und durch Ausbildung abrufen zu können, aber es ist schön, wenn man es Pferd und Reiter einmal leichter machen kann.
Vielen Pferden, vor allem denen, die nicht besonders viel Temperament haben, tut es gut, in der Gruppe auszureiten. Das erhöht die Lauffreude und lässt sie müheloser Kraft aufbauen, ohne dass es sich für sie wie Arbeit anfühlt. Ausreiten fördert auch das Vertrauen zwischen Pferd und Reiter, da man unvorhergesehenen Situationen begegnet, die man lösen oder bewältigen muss. Das geht nur gemeinsam – und das spürt auch das Pferd. Je mehr ich mit ihm rausgehe, desto mehr lernt es, mir in unsicheren Situationen zu vertrauen.

VORAUSSETZUNGEN FÜR DAS REITEN MIT HANDPFERD

Der Reiter:
1. beherrscht sein Pferd sicher;
2. hat einen ausbalancierten, zügelunabhängigen Sitz;
3. kann gezielte Hilfen geben, auch bei einhändiger Zügelführung;
4. trägt Handschuhe;
5. reitet mit Gerte, um das Handpferd korrigieren zu können.

Das Reitpferd:
1. ist gut regulierbar;
2. gehorcht auch beim einhändigen Reiten;
3. hat eine gute Tempovarianz;
4. kann sich dem Handpferd anpassen.

Das Handpferd:
1. ist sicher halfterführig;
2. geht mit Stallhalfter, Kappzaum oder Trense.

HANDPFERDEREITEN

Ich reite sehr gern mit einem Handpferd aus. Es bringt Spaß und Abwechslung und ist eine hervorragende Möglichkeit, unerfahrene Pferde ans Gelände zu gewöhnen. Sie können sich hier am erfahrenen Führpferd orientieren.
Auch wenn ich Pferde nach einer Pause wieder auftrainieren möchte oder sie zwischen intensiven Trainingseinheiten nur locker bewegt werden sollen, finde ich das Handpferdereiten perfekt. Es trainiert Kondition und Ausdauer ohne die Belastung des Reitergewichts, Takt und Rhythmus werden genauso gefördert wie der Spaß am Laufen. Dazu kommt noch, dass es für mich gerade bei den längeren Konditionsausritten eine große Zeitersparnis bedeuten kann, zwei Pferde gleichzeitig zu trainieren.
Als Ausrüstung benutze ich beim Reitpferd alles, was ich auch sonst zum Ausreiten nehmen würde. Eventuell mache ich bei langen Zügeln einen Knoten, damit ich in einer unvorhergesehenen Situation schnell zur einhändigen Zügelführung wechseln kann, ohne in Gefahr zu geraten, dass das Führpferd in den Zügel tritt.
Das Handpferd lasse ich entweder mit einem gut sitzenden Stallhalfter und stabilen Führstrick (mit Karabiner, der nicht aufgeht , Panikhaken nur mit durchgezogenem Strick!), mit Kappzaum oder auch Trense (mit den Zügeln im Gebiss und Nasenriemen gemeinsam verschnallt) mitlaufen.

Handpferdereiten hat viele
Vorteile für Pferd und Mensch.

Wenn die Handpferde es kennen und so gut wie von allein mitgehen, kann man sie auch ausbinden und gezieltes Gangtraining im Gelände machen. Je unerfahrener das Handpferd ist, desto mehr wird das Reitpferd dem Handpferd angepasst. Später, wenn das Handpferd selbstständig mitläuft, kann man sein Reitpferd fast ganz normal trainieren. Ich führe mein Handpferd mit signalartigen Hilfen Kopf an Kopf oder leicht vor dem Reitpferd, je nachdem, ob ich treiben (leicht davor) oder aufpassen muss, dass mein Handpferd nicht zu stürmisch wird (leicht dahinter).
Gerade zu Beginn muss der Reiter das Handpferd immer beobachten, um eventuelle Probleme

rechtzeitig zu erkennen. Das Ziel ist, dass das Handpferd am locker durchhängenden Strick von allein mitläuft. Wichtig ist, dass man niemals ins Ziehen kommt, weil man sonst nur Gegenzug erzeugt. Muss ich das Handpferd korrigieren, gebe ich treibende (Stimme oder Gerte) oder verhaltende (Stimme, Paraden am Strick) Hilfen und dirigiere mein Reitpferd so, dass es immer neben dem Handpferd bleibt, bis das Handpferd die Aufgabe verstanden hat.
Es empfiehlt sich, in einem eingezäunten Bereich zu beginnen, damit man eine zusätzliche Begrenzung hat, bis das Zurückführen und Zulegen sicher klappt. Außerdem ist es sinnvoll, dem Handpferd beizubringen, im Schritt auch hinter dem Führpferd zu gehen (Engstellen im Gelände) und sich von beiden Seiten führen zu lassen (gleichmäßiges Training). Wenn auch Wendungen in beide Richtungen und Schritt, Trab und Galopp zuverlässig funktionieren, kann der Spaß im Gelände beginnen.

LAUFBAND

Zu Hause setze ich zur Unterstützung beim Warm-up oder an Ruhetagen ein Laufband ein. Dieses kann ich für alle Trainingspferde individuell programmieren, je nachdem, wie lange sie laufen sollen, bei welcher Geschwindigkeit und ob mit oder ohne Steigung. So unterstützt es mich nicht nur dabei, dass sich das nächste Pferd schon gleichmäßig bewegt und aufwärmt, solange ich reite. Es hilft auch, wenn ich auf Turnieren oder Lehrgängen unterwegs bin, kontrollierte Bewegung und gleichzeitig einen gewissen Konditionserhalt der Pferde zu gewährleisten, die ich in dem Moment nicht selbst reiten kann.
Natürlich ist ein Laufband nie ein gleichwertiger Ersatz für das tatsächliche Training, aber eine sinnvolle Ergänzung ist es allemal. Vielen Pferden hilft es auch, mehr Gleichmaß und Rhythmus im Schritt zu entwickeln.

NOCH MEHR IDEEN

In meinem Trainingsalltag nutze ich auch gern Elemente wie Longieren, Doppellonge, Freilaufen, Stangenarbeit, Freispringen oder Aquatrainer. Hier die richtige Balance zwischen Routinen, genug fundierter Basisarbeit und Feinschliff beim Prüfungsreiten gegenüber Vielseitigkeit und Abwechslung im Training zu finden, das zeichnet einen guten Ausbilder aus.

Saga bei ihrer Trainingseinheit auf dem Laufband

Die Ausrüstung

Beim Islandpferdereiten sind wir relativ frei in der Wahl der Ausrüstung – oberstes Gebot ist, dass die Ausrüstung dem Pferd gut passt und richtig eingesetzt wird. Viele Hersteller bieten eine große Auswahl.

Islandpferde-spezifischer Sattel

Ich beschreibe und erkläre nachfolgend einige grundlegende Ausrüstungsgegenstände für das Islandpferd und ihre Funktion.

DER SATTEL

Für Islandpferde gibt es spezielle Sättel, die immer mehr an einen Dressursattel angelehnt sind. Der Unterschied ist aber, dass ich etwas mehr Platz zur Bewegung im Sattel brauche. Dann kann ich mein Pferd über den Sitz noch unterschiedlicher ansprechen und so die Gänge leichter trennen. Außerdem haben wir bei Islandpferden oft die Herausforderung, dass die Pferde einen relativ kurzen Rücken haben, mit dem sie einen relativ großen Reiter tragen. Es ist also enorm wichtig, einen Sattel zu finden, der für die Anatomie des Pferdes nicht zu lang ist, es weder im Schulterbereich einengt noch im empfindlichen Lendenbereich des Pferdes liegt. Gleichzeitig muss der Sattel zum Reiter passen, damit dieser gut in der Bewegung des Pferdes sitzen kann. Zwischen diesen beiden anatomisch wichtigen Bedürfnissen muss ein Islandpferdesattel einen guten Kompromiss finden. Manchmal nutzen Reiter ein sogenanntes Sattelkissen, also einen Sattel ohne Baum. Es gibt dem Reiter etwas weniger Halt, dafür dem Pferd mehr Bewegungsfreiheit.
Dazu kommen verschiedenste Sattelgurte (Neopren, Lammfell, Leder und alles, was dem Pferd angenehm ist

Das Allerwichtigste ist, dass Sattel und Trense dem Pferd gut passen und vom Reiter fachkundig und verantwortungsvoll eingesetzt werden.

und keine Hautprobleme verursacht) und Steigbügel- und Steigbügelriemen (diese können je nach Geschmack des Reiters bei den meisten Islandpferdesätteln über und unter dem Sattelblatt geführt werden). Auch bei den Sattelunterlagen kann man individuell entscheiden, je nachdem, womit sich das Pferd am wohlsten fühlt.

DAS ZAUMZEUG

Islandpferde werden hauptsächlich auf normaler Trense geritten. Es werden meistens einfach und doppelt gebrochene Trensen mit losen Ringen oder als Olivenkopfgebiss genutzt. Aber auch andere Gebisse werden verwendet. So gibt es ein traditionell isländisches Gebiss mit Kinnkette

Islandkandaren gibt es einfach und doppelt gebrochen und als Stangengebiss. Sie gehören nur in erfahrene Reiterhände.

Tipp

Bei der Wahl des Gebisses und des Nasenriemens lasse ich mich immer von meinem Eindruck leiten, womit sich das Pferd am wohlsten fühlt.

und Hebelwirkung, die sogenannte Islandkandare, die überwiegend nur zum Vorstellen auf Turnieren oder zum signalmäßigen Reiten verwendet werden sollte. Sie gehört in die Hände eines erfahrenen Reiters, der hervorragend zügelunabhängig sitzen kann, und ermöglicht diesem eine sehr präzise Einwirkung. Die Kinnkette wird im 90-Grad-Winkel verschnallt.
Auch bei den Sperrhalftern kommen unterschiedliche Varianten zum Einsatz. Wenn es dem Pferd gut passt (bitte aufpassen bei kurzer Maulspalte, das ist eher ungünstig), nehmen wir oft ein hannoversches Sperrhalfter, gern auch englisch und englisch kombiniert. Wichtig: Wird ein Hebelgebiss verwendet, darf nur noch mit einem englischen Sperrhalfter gezäumt werden.

BEINSCHUTZ

Beinschutz ist sehr wichtig, vor allem, um solche Verletzungen zu vermeiden, die in den hohen Geschwindigkeiten oder in engeren Kurven entstehen können, wenn das Pferd kurzzeitig oder länger anhaltend seine Balance verliert. Schutzmaterialien haben einen physiologischen Aspekt, denn

HUFBESCHLAG

Zur Grundausrüstung der meisten Pferde gehört der Hufbeschlag. Es gibt natürlich auch Pferde – je nach Verwendungszweck und Umwelt – bei denen das nicht notwendig ist, zum Beispiel, wenn sie gute Hufe haben und überwiegend auf weichem Boden geritten und gehalten werden.

wir wollen unsere Pferde vor vermeidbaren Verletzungen schützen und gesund erhalten. Aber auch der psychologische Aspekt ist hier nicht zu vernachlässigen: Es kann immer passieren, vor allem, wenn man dem Pferd neue Dinge beibringt, dass es aus dem Gleichgewicht kommt und sich tritt. Verknüpft das Pferd aber die Aufgabe mit dem Schmerz, dann ist es möglich, dass es weniger selbstbewusst an neue Anforderungen herangeht oder Angst vor hohen Geschwindigkeiten entwickelt. Da Beinschutz, wenn er gut sitzt und keine Scheuerstellen verursacht, keinen negativen Effekt hat, nutze ich ihn, um vermeidbare Risiken zu minimieren.

Als Beinschutz verwenden wir entweder Tape, leichte Schutzglocken, Streichgamaschen und/oder sogenannte Ballenboots, die es in unterschiedlichen Gewichtsstufen gibt (bis zu 250 Gramm pro Bein sind im Turniersport erlaubt). Ich persönlich bin der Meinung, dass man seine Pferde langfristig möglichst dahingehend ausbilden sollte, dass sie mit der Hilfe des Reiters so gut in die Balance kommen, dass sie Gewichte kaum mehr brauchen. Gerade zu Beginn der Ausbildung oder bei Pferden mit Rittig-

Tipp

Schutzmaterialien haben einen physiologischen und einen psychologischen Aspekt.

2

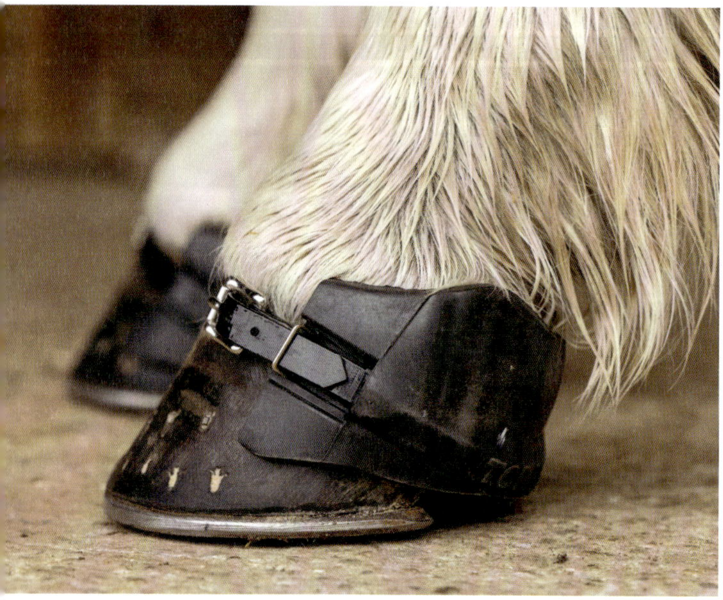

1

1 Weiße Ballenboots

2 Schwarze Ballenboots

keitsproblemen können solche Boots allerdings temporär sinnvoll sein und die Pferde unterstützen, die sich vom Reiter noch nicht ausreichend helfen lassen. Es gibt fast immer eine Wechselwirkung zwischen Balance, besserem Takt und einer einfacheren Zugänglichkeit des Pferdes für die Hilfen des Reiters. Der Einsatz von Ballenboots kann Pferde auch aus starren, im Laufe ihrer Ausbildung falsch erlernten Mustern lösen.
Ziel der Ausbildung sollte es stets sein, die Pferde über Rittigkeit und Durchlässigkeit so zu lösen und zu öffnen, dass Boots im Endeffekt nur noch Schutz bieten und keine Gewichtsbeeinflussung mehr nötig ist, um die Pferde korrekt zu reiten. Sind die Pferde dank guter Ausbildung in sicherer Balance, vertragen sie meistens sogar kein höheres Gewicht mehr. Zu schwere Boots stören dann eher das Zusammenspiel von Vor- und Hinterhand.

DER REITHELM

Beim Reiter steht an allererster Stelle der Ausrüstung der Helm. Ich trage immer einen Helm – egal ob im Training oder beim Turnier –, weil unsere Pferde Fluchttiere sind. Es spielt keine Rolle, wie gern man sie hat und wie gut man reitet. Man muss sich der Risiken unvorhergesehener Unfälle bewusst sein. Ich bin auch schon gestürzt, als keiner etwas dafür konnte. Das Pferd ist einfach gestolpert, wir sind in der Folge beide gefallen. Und genau das sind Situationen, die aus heiterem Himmel passieren und die den Erfahrensten von uns, egal wann und wo, widerfahren können.

HANDSCHUHE, SCHUHE, SONSTIGES

Handschuhe sind ebenfalls ein wichtiges Utensil für den Reiter. Sie sollten gut passen und können uns nicht zuletzt beim Führen des Pferdes schützen. Auch hier gilt wieder: Pferde sind Fluchttiere und können jederzeit erschrecken und ruckartig am Führstrick ziehen. Ohne Handschuhe gibt das Brandblasen und anderes – auch das gehört in die Kategorie „vermeidbare Verletzungen".
Festes, sicheres Schuhwerk, mit dem man bei einem Sturz nicht im Steigbügel hängen bleibt, gehört ebenso zur Pflichtausrüstung. Die weitere Reitbekleidung sollte funktionell sein, dabei kann sich jeder Reiter nach eigenem Stil und individueller modischer Vorliebe austoben.
Zusätzlich ist es bei vielen Pferden ratsam, eine Gerte griffbereit zu haben. Sie dient beim Reiten als Unterstützung der Hilfengebung des Schenkels, da Sporen beim Islandpferdereiten keinen Einsatz finden.

Ausrüstungsgegenstand Nummer eins: ein gut sitzender Reithelm

Viele Kopfverletzungen sind durch das Tragen eines Reithelms vermeidbar, daher sollten wir das auch tun!

Meine Pferde

Es gab und gibt so viele Pferde, von denen ich eine riesengroße Menge habe lernen dürfen. Jedem Einzelnen bin ich für ganz unterschiedliche gemeinsame Erfahrungen und Erlebnisse enorm dankbar.

Da außerdem jedes dieser Pferde für sich etwas Besonderes hat und sie alle mir erlaubt haben, nicht nur so viel Freude am Reiten zu erleben, sondern mich gleichzeitig als Reiterin und auch Trainerin weiterzuentwickeln, wäre es nicht fair, das nun in ein Ranking umsetzen zu wollen. Ich glaube, dass jedes meiner eigenen und der mir anvertrauten Pferde wertvoll ist und war. Hohe und niedrige Wertnoten, fröhliche Trainingseinheiten und schwere Stürze, schnelle Fortschritte und echte Geduldsproben, Lachfalten und Tränen – all inclusive.
An dieser Stelle möchte ich euch aber zwei für mich ganz außergewöhnliche Begleiter meines Weges vorstellen.

Kjalar und Byr sind meine beiden Herzenspferde.

»Schon nach den ersten Metern beim Ausprobieren war mir klar, dass ich Kjalar sehr mochte, weil er unheimlich fein und im positiven Sinn empfindlich war. Und obwohl er noch völlig durch den Wind war, hat er sich sehr bemüht, alles richtig zu machen.«

KJALAR FRÁ STRANDARHJÁLEIGU

Der 2006 geborene Schimmelwallach Kjalar ist seit über zehn Jahren an meiner Seite und eines meiner absoluten Herzenspferde. Er hat weder das schönste Gebäude noch die besten Gänge auf dieser Welt, aber er hat einen absolut einzigartigen Charakter und mich in all den Jahren noch kein einziges Mal im Stich gelassen! Er ist daher auch so erfolgreich, wie er heute ist: über seinen Geist und seine Leistungsbereitschaft.

Als ich Kjalar das erste Mal live gesehen habe, war er alles andere als beeindruckend. Er war frisch aus Island importiert, hatte den Flug nicht gut weggesteckt, und man sah ihm an, dass er noch gar nicht wirklich angekommen war. Aber er hatte das gewisse Etwas. Ich fand ihn sympathisch, obwohl er keine Schönheit war. Mich hat er angesprochen, vielleicht einfach wegen seinem lieben (und vorwitzigen) Gesicht und seinen großen ausdrucksstarken Augen (was natürlich auf keinen Fall ein Kaufkriterium sein sollte ...).

So begann unsere gemeinsame Reise, auch wenn damals bestimmt nicht abzusehen war, dass Kjalar jemals so durchstarten und eines der besten Sportpferde der Welt werden würde. Das hat nämlich bis zu seinem neunten Lebensjahr gedauert. Ich habe ihn vorher schon auf Turnieren geritten, aber das war ehrlicherweise meistens unbedeutend.

Er war immer zuverlässig und hat solide, mit ordentlichen Noten das abgeliefert, was er zu Hause gezeigt hat, aber geglänzt hat er bis dahin nie. Trotzdem waren auch das wichtige und wertvolle Schritte in seiner – und bestimmt auch in meiner – Entwicklung. Dann ging es steil bergauf und er begann auf den Turnieren mehr Ausdruck und einen überraschenden Kampfgeist zu entwickeln. Über genau diesen hat Kjalar mehrfache Deutsche und Mitteleuropäische Meistertitel errungen!
Es gibt kaum ein Pferd, das eine so außergewöhnliche Konstanz vorzuweisen hat. 2015 konnte Kjalar seinen ersten deutschen Meistertitel gewinnen und war seitdem in jedem Jahr (außer 2021, wo ich ihm eine komplett freie Saison ohne Turniere gegönnt habe) mindestens im Finale auf den großen Turnieren. 2015, 2016, 2018, 2019, 2020 und 2022 hat er jeweils mindestens einen großen Titel geholt. Seinen mitteleuropäischen Meistertitel im Töltpreis hat er 2022 zum zweiten Mal verteidigt, also das dritte Mal in Folge gewonnen (2016 – 2022). Das machen ihm nicht viele Pferde nach. Auch ins A-Finale der Weltmeisterschaft haben wir es geschafft, wo wir bis zum letzten Aufgabenteil auf dem zweiten Platz lagen und dann mit einem verlorenen Eisen im schnellen Tölt noch unglücklicher Vierter geworden sind.
Auch heute noch läuft Kjalar zu Hause nie so wie auf dem Turnier. Er macht im Training fast alles korrekt und ich kann mittlerweile sehr gut einschätzen, in welchem Trainingszustand er für den Wettkampf sein sollte. Aber dieser Ehrgeiz und dieses Fünkchen extra zeigt er erst in der Turnier-Situation. Obwohl er sonst eher ein empfindliches Pferd ist, liebt er diese Atmosphäre, wenn die Musik angeht und das Publikum klatscht. Dann ist er immer voll da. Und auch wenn er so weich und beweglich ist, hat er in der Wettkampf-Situation inzwischen eben auch die nötige Härte, um selbst anstrengendste Finals gegen starke Konkurrenz mit einem unfassbaren Willen erfolgreich zu Ende zu bringen.

Kjalars Training zu Hause hat hauptsächlich zum Ziel, dass er körperlich und seelisch gut drauf ist. Prüfungsabläufe oder Ähnliches übe ich fast nie mit ihm, da ich sicher bin, dass er im Ernstfall genau weiß, was zu tun ist. Er geht sehr viel Handpferdereiten, da er perfekt mit jedem Pferd mitläuft und es ihm richtig Spaß macht. Auch körperlich ist es ideal für ihn, da man Kraft und Kondition trainieren kann, ohne ihn zu verausgaben. Ansonsten steht häufig lockere Dressurarbeit in allen Gängen auf dem Plan, um ihn körperlich elastisch und geschmeidig zu halten.
Auf dem Turnier selbst muss ich sehr darauf achten, dass er genug zur Ruhe kommt und nicht die ganze Zeit seinen „Action-Schalter" umgelegt lässt. Meistens zeige ich ihm einfach nur die Bahn und schaue einmal kurz, wie sich die Gangarten auf der neuen, oft unbekannten Bahn anfühlen, wie er sich auf dem Boden und in den Kurven verhält und ob es etwas gibt, auf das wir in der Prüfung oder beim Abreiten besonders achten müssen. Dafür reicht, gerade weil wir uns gegenseitig so gut kennen, in den meisten Fällen eine Trainingseinheit. Ansonsten geht er mit mir Fahrrad fahren (läuft also als Handpferd am Fahrrad mit) und bleibt dadurch beweglich und bei Laune.
Er kann seine Kräfte sparen – bis es dann zählt. Wenn ich mein Training und Programm auf dem Turnier gut gestalte, merke ich meistens schon beim Aufsitzen, wie Kjalar es kaum erwarten kann, endlich loszulegen. Das macht dann wirklich sehr viel Spaß. Bei der Siegerehrung muss ich oft darüber schmunzeln, wie genau er mich kennt. Gerade wenn er nach einem Finale als Letzter in die Bahn kommt und anschließend eine Ehrenrunde anführen darf, ist er hellwach und genießt diese Momente. Dabei ist ihm wahrscheinlich die Schärpe, die er gerade gewonnen hat, vollkommen egal, sondern es fällt ihm sicher vor allem an mir auf, dass ich in jenem Augenblick sehr erleichtert bin. Das ist ja schon immer eine riesige Anspannung, die man über die Tage einer Turnierwoche

Kjalar auf der Ehrenrunde beim Worldtölt in Dänemark

mit sich trägt, man muss immer fokussiert bleiben und darf sich keinen unaufmerksamen Moment erlauben. Ich weiß dann: Es ist geschafft, wir haben effektiv gearbeitet und die Leistung auf den Punkt abgerufen.

Wenn dieser Druck von mir abfällt und ich nicht nur erleichtert bin, sondern auch stolz auf mein Pferd, dann geht Kjalar sehr zufrieden mit sich und der Welt aus der Bahn.

Was die Wenigsten wissen: Egal, wie höflich er beim Reiten ist, im Umgang kann er ein richtiger Schelm sein. Kjalar liebt es zu spielen. Er schafft es, den Wassereimer auf dem Paddock in wenigen Minuten gleich mehrfach umzuschütten, weil er genau weiß, dann kommt immer wieder jemand, der ihm Aufmerksamkeit und neues Wasser bringt ... Auch Fliegenmützen und Decken ausziehen gehört zu seiner Spezialität. Aber gerade das mag ich so an ihm, dass er nicht nur ein Prüfungsstreber ist, sondern auch diese verschmitzte Seite an sich hat, die zu seinem Charakter gehört und mich oft zum Lachen bringt.

»Byr hat hervorragende Gänge und er ist ein unglaublicher Streber. Es gibt keinen Tag, an dem er nicht sein Bestes gibt.«

BYR FRÁ STRANDARHJÁLEIGU

Byr stammt vom gleichen Hof in Island wie Kjalar, dem Gestüt Strandarhjáleiga im Süden Islands. Anders als Kjalar habe ich Byr noch in seiner Heimat auf Island kennengelernt. Er war gerade angeritten und hat mich mit seiner Schönheit vom ersten Moment an in den Bann gezogen. Auch beim Ausprobieren war mir sofort klar, dass ich mich auf diesem Pferd zu Hause fühle, und so kaufte ich ihn direkt von den Züchtern. Ich reite in meinem Beruf so viele unterschiedliche Pferde und mag ganz viele unterschiedliche Typen – aber dieses Gefühl von Ankommen, das hatte ich auf Byr vom ersten Ritt an.

Nach dem Export aus Island hat Byr erst einmal viel Zeit bekommen, um sich in Deutschland einzuleben. Anschließend habe ich behutsam mit seiner weiteren Ausbildung begonnen. Er legte fünfjährig seine Zuchtprüfung erfolgreich mit einer Elitebeurteilung ab und verbrachte anschließend seinen ersten Sommer in Deutschland mit seinen Deckstuten auf der Weide. So bekam er noch einmal eine ausgiebige Pause inmitten seiner Stutenherde. Sechsjährig stellte ich ihn in der Futurity vor, die er auf der Deutschen Meisterschaft gewinnen konnte; er war also 2018 der beste sechsjährige Nachwuchsfünfgänger in Deutschland. 2019 startete er siebenjährig das erste Mal im richtigen Sport – bemerkenswert ist, dass er seitdem in jedem Jahr das A-Finale des Fünfgangpreises auf der Deutschen Meisterschaft erreicht hat. 2020 und 2022 konnte er dieses sogar gewinnen und ist damit mit zehn Jahren bereits zweifacher Deutscher Meister im Fünfgangpreis. 2022 schaffte er es zusätzlich noch, Deutscher Meister in der Fünfgangkombination, Mitteleuropäischer Meister im Fünfgangpreis und in der Fünfgangkombination zu werden, und krönte abschließend seine bisher beste Saison mit der Führung der Fünfgangkombination im Worldranking.

Byr ist vom Wesen her eher ruhig und introvertiert. Man kann mit ihm alles machen – im Winter habe ich ihn auch schon vor den Schlitten gespannt. Er war von Anfang an immer brav, zuverlässig und korrekt abrufbar – das hat seine Ausbildung zum einen sehr einfach gemacht, aber mir als Ausbilderin auch eine große Verantwortung auferlegt, nämlich ihn nicht zu überfordern, und obwohl (oder gerade weil) er so viel Talent hat, die Ansprüche und Aufgaben nicht zu früh zu steigern.

Es ist oft so bei Pferden, dass gerade das, was sich später als besondere Stärke erweist, am Anfang eine besondere Herausforderung darstellt.

So ist seine Ruhe und Introvertiertheit zunächst eher ein Hindernis gewesen. Nun helfen sie mir, denn ich kann im Fünfgangfinale im Rennpass volles Risiko reiten und muss mir keine Gedanken machen, dass Byr Stress bekommt und nicht mehr zuhört. Auf dieser Basis, dass er immer bei mir ist, hat er inzwischen gelernt, aus sich herauszukommen und richtig Gas zu geben. Die sichere Basis besteht ja weiterhin und er lässt sich immer sofort wieder herunterregulieren – die absolute Voraussetzung, um an die Grenzen gehen zu können.

Auch Byrs Gangverteilung ist besonders, er verfügt nämlich über einen für einen Fünfgänger mit so viel Rennpass untypisch guten Galopp. Zu Beginn war auch das eher ein Problem: Das Legen in den Rennpass wird schwieriger, je besser der Galopp ist. So musste Byr den Übergang vom Galopp in den Rennpass behutsam und langwierig lernen. Nun ist es eine unserer großen Stärken, gerade weil wir daran so geduldig und akribisch gearbeitet haben.

Byr ist ein sehr gutes Beispiel dafür, dass die Ausbildung nicht unbedingt einfacher wird, je begabter die Pferde werden. Man muss oft umso genauer arbeiten und Balance zwischen allen Details finden, dafür wird man aber auch vielfach belohnt. Ich würde in der Rückschau behaupten, dass es sich gelohnt hat, einem so einzigartigen Pferd wie ihm alle Zeit zu geben, die er brauchte, um sich zu entwickeln, um zu lernen, zu verstehen und mein Freund zu werden. Erst die korrekte und langfristige Ausbildung schaffte das Vertrauen in mich als Reiterin, erst dann konnte er sich aus seiner Introvertiertheit heraustrauen und seinen sagenhaften Spirit zeigen. Darauf bin ich sehr stolz – es gibt so viele besondere Pferde, aber oft werden sie nicht gut genug gemanagt, um am Ende richtig durchzustarten. Man muss sich auf dem Weg mit einem so talentierten Pferd, das so viel zu geben bereit ist, ständig selbst hinterfragen und selbstkritisch alles anpassen, damit es für das Pferd Sinn ergibt. Das habe ich mit Byr in vielerlei Hinsicht geschafft und ihm dabei geholfen, zu zeigen, was in ihm steckt. Dafür bin ich jeden Tag dankbar und freue mich sehr auf die Zukunft mit meinem großartigen Byr!

SERVICE

Nützliche Adressen

Lisa Schürger
www.lisaschuerger.com

Deutscher Islandpferde Reiter und Züchterverband e. V. (IPZV)
www.ipzv.de

Österreichischer Islandpferde Verband (OEIV)
www.oeiv.org

Islandpferde Vereinigung Schweiz (IPV CH)
www.ipvch.ch

FEIF – International Federation of Icelandic Horse Associations
feif.org

Worldfengur – Internationale Datenbank
worldfengur.com

Register

BILDNACHWEIS

120 Farbfotos wurden von Anna Auerbach/Kosmos für dieses Buch aufgenommen. Weitere Bilder sind von Krijn Buijtelaar (Seite 106), Marius McKenzie (Seite 105), Ulrich Neddens (Seite 50, 65, 69 u.) und Christiane Slawik (6/7, 13). Alle Filme für die KOSMOS PLUS APP wurden von wehorse gedreht.

IMPRESSUM

Umschlaggestaltung von GRAMISCI Editorialdesign/Isabelle Fischer, München, unter Verwendung von Farbfotos von Anna Auerbach/Kosmos.

127 Fotos und 13 Illustrationen

Alle Angaben in diesem Buch erfolgen nach bestem Wissen und Gewissen. Sorgfalt bei der Umsetzung ist indes dennoch geboten. Der Verlag und die Autorin übernehmen keinerlei Haftung für Personen-, Sach- oder Vermögensschäden, die aus der Anwendung der vorgestellten Materialien und Methoden entstehen könnten.

Unser gesamtes Programm finden Sie unter **kosmos.de.**
Über Neuigkeiten informieren Sie regelmäßig unsere Newsletter, einfach anmelden unter **kosmos.de/newsletter**

Gedruckt auf chlorfrei gebleichtem Papier

ISBN 978-3-440-17351-0
Redaktion: Birgit Bohnet
Gestaltungskonzept: GRAMISCI Editorialdesign/Cornelia Sekulin
Gestaltung und Satz: Atelier Krohmer, Dettingen/Erms
Produktion: Claudia Frank
Druck und Bindung: Westermann Druck Zwickau GmbH, Zwickau
Printed in Germany / Imprimé en Allemagne

FSC
www.fsc.org
MIX
Papier | Fördert gute Waldnutzung
FSC® C110508

»Eine gute Ausbildung der Islandpferde liegt mir am Herzen – aber auch die der Reiter, die ich als Trainerin begleiten darf. Nur gemeinsam können wir diesen besonderen Lebewesen mit ihrem so einmaligen Spirit gerecht werden.«